모르면 낭패 보는

내 손 안의
인터넷 · 스마트폰
보안 이야기

가정과 직장에서의 안전한 인터넷 이용 가이드

진수희 저

WOWbooks
와우북스

모르면 낭패 보는 내 손 안의 인터넷·스마트폰 보안 이야기
　　　　－ 가정과 직장에서의 안전한 인터넷 이용 가이드 －

•인 쇄	2016년 9월 12일　초판 발행
•저 자	진 수 희
•발 행	와우북스
•출 판	와우북스
•본문디자인	김 덕 중
•표지디자인	포　　　인
•등 록	2008년 3월 4일 제313-2008-000043호
•주 소	서울 마포구 연남동 223-102호 유일빌딩 3층
•전 화	02)334-3693　팩스 02)334-3694
•e-mail	mumongin@wowbooks.kr
•홈페이지	www.wowbooks.co.kr
•ISBN	978-89-94405-28-5　13560
•가 격	13,000원

국립중앙도서관 출판사도서목록(CIP)

모르면 낭패 보는 내 손 안의 인터넷 · 스마트폰 보안 이야기
: 가정과 직장에서의 안전한 인터넷 이용 가이드 / 저자:
진수희. -- 서울 : 와우북스, 2016
　　　p. ;　　cm
색인수록
ISBN 978-89-94405-28-5 13560 :　13000
인터넷 보안[--保安]
정보 보안[情報保安]
004.61-KDC6
005.8-DDC23　　　　　　　　　　　　　　CIP2016020520

우리나라가 1982년 인터넷이 처음으로 연결된 후 올해로 34년이 되었습니다. 34년 전 우리나라에 단 2대의 컴퓨터가 연결된 것으로 시작한 인터넷은 이제 일상생활에서도 없어서는 안 될 필수 공공재가 되었습니다. 과거에는 직접 대면해야만 할 수 있었던 일들이 오늘날에는 인터넷이 연결된 컴퓨터 또는 스마트폰만 있으면 대부분의 사회 활동이 가능하게 된 상황입니다.

많은 경제 활동과 대인관계가 인터넷을 기반으로 이루어짐에 따라, 인터넷의 편리함과 더불어 인터넷의 기술적 취약점 및 비대면 인간관계의 약점을 악용한 사이버 공격과 범죄로 인한 피해에 관한 뉴스를 접하는 것이 일상사가 되고 있습니다. 개인정보가 온라인에 쉽게 노출되고, 공유할 수 있게 되면서 피싱 사기, 온라인 신분도용, 악성코드 감염 등의 인터넷 역기능이 지금도 광범위하게 발생하고 있습니다.

이러한 시대적 현상은 앞으로 사물인터넷 시대를 맞이하여 인터넷 공간이 더욱 확장하면서 사이버 위험이 지금보다 더 증가할 것으로 예상합니다. 모든 사물이 인터넷에 연결되면서, 자동차가 해킹되어 제어되지 않아 사고를 유발하거나, 자동차의 내비게이션이 해킹되어 위험한 곳으로 자동차를 안내하여 우리의 생명까지 위협할 수도 있습니다. 또한, 홈 네트워크가 해킹되어 가정에서 개인적인 생활이 외부에 그대로 노출될 수 있습니다.

인터넷 신기술이 가져다주는 편리함과 혜택만 강조되어 우리 자신, 가족 및 회사 등이 사이버 위험에 빠질 수 있다는 사실을 간과할 수 있습니다. 이 책은 인터넷 기술 및 보안의 비전문가인 일반인 및 일반 기업을 대상으로, 우리를 편리하게 만드는 인터넷 신기술을 안전하게 이용할 수 있는 기본적인 단계를 기술하고 있습니다. 또한, 이 책은 회사 직원 대상의 인터넷 보안 인식을 높이기 위한 교육용으로 사용하면 좋은 지침서가 될 것입니다.

진 수 희

09

01

인터넷의 발전과 위험

　인터넷은 1969년 미국에서 군사적 목적으로 단 4대의 컴퓨터가 연결되어 시험한 이후, 다양한 기술들이 발전에 발전을 거듭하면서 규모와 사용자 면에서 폭발적으로 증가하였습니다.

　우리나라는 1982년 인터넷이 처음으로 연결되었으며, 올해로 34년이 되었습니다. 34년 전 우리나라에 단 2대의 컴퓨터가 연결된 것으로 시작한 인터넷은 지속해서 성장하여 이제 일상생활에서 없어서는 안 될 필수품이 되었습니다. 과거에는 직접 대면해야만 할 수 있었던 사회 활동, 경제 활동 및 행정업무 등이 오늘날에는 인터넷이 연결된 컴퓨터 또는 스마트폰만 있으면 거리를 떠나 전 세계 누구와도 연결이 되고, 쇼핑, 은행, 각종 증명서 발급, 항공권 예약, 영화 예매 등 인터넷은 생활 속에 깊숙이 자리 잡았습니다. 많은 경제 활동과 인간관계가 인터넷을 기반으로 이루어지면서 인터넷의 기술적 약점 및 인간관계의 약점을 이용한 사이버 공격과 범죄로 인한 피해도 급증하고 있는 현실입니다.

http://www.cyberrisknetwork.com/2014/04/18/cyber-risk-management-needs-system-wide-approach-report-recommends/

미래창조과학부와 한국인터넷진흥원의 인터넷이용 실태조사 결과를 보면, 2015년 7월 기준 우리나라 인터넷 이용자 수는 4,198만 명이며, 이용률은 85.1%에 해당하고 있습니다. 그중 10대, 20대, 30대는 99%를 웃돌며, 40대 및 50대에서도 인터넷 이용률이 많이 증가하고 있습니다.

시스코사에서 전 세계 인터넷에 연결된 것을 그림으로 표현한 것
http://entropychaos.wordpress.com/2010/11/29/media-hunt-6-the-fract
al-internet/

특히 2009년부터 보급되기 시작한 스마트폰으로 인해 트위터, 페이스북과 같은 사회관계망서비스SNS를 이용하여 쉽게 다양한 뉴스와 서비스를 실시간 전파하는 것을 보면, 이제 인터넷은 개인의 손바닥에서 세상을 볼 수 있는 창과 같은 역할을 하고 있습니다. 2011년에 스마트폰 사용자의 91%가 인터넷을 이용한다는 조사결과에도 나왔듯이 인터넷은 이제 언제 어디서나 접속할 수 있는 환경

이 되었습니다.

하지만 인터넷 접속 범위가 확대되고 있는 것과 동시에 인터넷의 약점을 이용한 사이버 범죄 및 공격도 증가하고 있습니다. 약점을 이용해서 개인정보를 훔쳐 신분을 위조하여 사기행각을 하고, 정부 및 기관의 중요한 데이터를 해킹하기도 하며, 신용카드 번호를 알아내서 현금인출기에서 돈을 빼가기도 하는데, 이러한 것들이 신종 인터넷 관련 범죄입니다. 가짜 은행, 쇼핑몰 및 관공서 사이트를 만들어 놓고, 없는 상품을 판매하거나, 방문하는 사용자의 개인정보를 획득하거나 은행 계좌에 들어가 돈을 인출하는 사고도 빈번하게 발생합니다. SNS 서비스가 확대되면서 많은 개인정보 관련 사고가 증가하고 있으며, 사이버 공격도 지능적으로 발전하고 있습니다. 모바일 악성앱으로 모바일 단말기를 감염시켜 단말기의 개인 활동을 모니터링하여, 민감한 정보를 탈취하는 범죄도 많이 증가하고 있습니다.

그래서 이 책은 인터넷 및 스마트폰 시대에 일반인들에게 노출되는 다양한 위험을 예방하기 위하여, 인터넷과 관련된 다양한 주제에 대해서 우리를 안전하게 지킬 조치

방법을 소개하고자 합니다. 이 책은 가정에서, 일반인들이, 그리고 자녀를 위해 인터넷 이용 시 보안상의 주의점을 기술한 것이므로 국민의 IT 생활에 좋은 지침서가 될 것입니다.

02

패스워드 보호

안전한 인터넷 이용을 위한 첫 번째 주제로 패스워드 보호를 선택하였습니다. 이유는 우리는 회사 및 가정에서 PC에 로그인할 때부터 시작해서, 인터넷 사이트를 이용할 때, 스마트폰을 이용할 때 또는 공인인증서를 이용할 때 등 하루에 최소 한 번 이상 패스워드를 입력하여 인증과정을 거치고 있습니다. 그만큼 패스워드는 가장 일반적이고 중요한 보안 수단입니다. 인터넷을 사용하기 위해 첫 관문으로서 사용자 인증에 가장 많이 활용되는 패스워드를 안전하게 사용하고 지키는 방법에 대해서 알아봅니다.

▶▶▶ 보안 팁

인터넷 사이트에 자주 입력해야 하는 패스워드를 안전하게 지키기 위해서는 강력한 패스워드를 만들고, 다른 사람과 공유해서는 안 됩니다.

우리는 매일 최소 한 번은 패스워드를 입력하여 인증과정을 거치고 있습니다. 즉, 패스워드는 컴퓨터 시스템, 모바일 기기 또는 인터넷 접속 시 가장 중요한 보안 수단 중 하나입니다. 패스워드는 사용자명ID과 결합하여 컴퓨터, 웹사이트 및 모바일 앱에 접근하기 위한 로그인 수단으로 가장 많이 사용합니다. 하지만 불행하게도 많은 사람이 패스워드 자체를 보호하기 위해 별다른 조치를 하지 않습니다. 즉 '11111', '123456' 또는 'abc123'과 같이 간단한 것을 사용하거나 본인의 이름이나, 생일 또는 휴대폰 번호 등을 사용하고 있는 경우가 많습니다.

만약 패스워드가 본인의 신상정보(생일, 전화번호, 자동차번호 등)와 관련되어 있다면, SNS 같은 곳에서 쉽게 노출될 수 있다는 것을 명심해야 합니다. 사이버 공격자가 우리의 패스워드를 알아내면, 사이트에 접근하여 우리의 인터넷 신분을 도용할 수 있습니다. 그렇게 되면, 신용카드를 만들거나, 은행 계좌 등 민감한 정보에 접근할 수 있어 큰 경제적인 피해를 볼 수 있습니다. 나쁜 사람이 패스워드를 훔친 후 저지른 범죄행위에 대해서 우리 자신도 책임의식을 가져야 합니다. 그만큼 패스워드를 지키는 것은 중요한 일이며, 우리와 조직을 보호하기 위해 강한 패스워드를 만들고 안전하게 사용할 줄 알아야 합니다.

강력한 패스워드 만들기

사이버 범죄자들은 패스워드를 알아내기 위해 자동화 프로그램을 개발하여 사용하기 때문에, 일반인이 생각하는 것 이상으로 빨리 패스워드를 알아낼 수 있습니다. 그러므로 패스워드를 지키기 위해서는 패스워드를 추측하기 어렵게 만들어야 합니다. 하지만, 동시에 기억하기도 쉬워야 합니다. 그래서 패스워드를 만들 때는 아래와 같은 방법을 추천합니다.

1) 적어도 숫자 하나 포함.
2) 영어를 포함하는 경우, 영문 대소문자를 섞어서 사용하고, 한글 포함.

3) 적어도 특수문자 하나 포함.

4) 길이는 12자 추천: 굉장히 중요한 사이트나 개인정
보에 대해서는 15자리 패스워드를 사용할 것을 추천
합니다.

5) 회사와 같은 조직에서는 패스워드 조합 정책이 있을
수 있으므로 확인해보기 바랍니다.

패스워드를 만들 때는 영어보다, 한글로 만들 것을 추
천합니다. 왜냐하면, 대부분 패스워드를 공격하는 도구는
영어로 된 패스워드 단어 사전을 이용해서 공격하기 때문
입니다. 그래서 복잡한 패스워드를 만드는 방법의 하나는
기억하기 쉬운 한글 문장을 만들어 첫 글자를 사용하면
좋습니다. 예를 들어 아래와 같은 문장은 기억하기 쉽습
니다.

"저녁 7시에 분당 차병원에서 둘째가 태어났다."

위의 문장을 이용해서, 아래와 같이 패스워드를 만들
수 있습니다.

"7@분당차둘째"

앞의 방법은 문장의 중요 키워드를 이용해서 만들었으며, 시간을 이용해서 숫자도 포함하였고 장소를 나타내는 것에는 @이라는 특수문자를 포함하였습니다. 그리고 자릿수가 7자리이지만, 한글은 2바이트를 차지하므로 총 12자리가 됩니다. 위와 같이 길고 복잡한 패스워드는 기억하기는 쉽지만, 해커들이 자동화된 프로그램을 사용하더라도 추측하기 어렵습니다.

패스워드 보호

강력한 패스워드를 만들었다고 능사가 아닙니다. 세상에서 가장 복잡한 패스워드를 만들었다고 해도 보안이 완전히 해결되지는 않습니다. 아무리 강력한 패스워드도 해킹되어 노출될 가능성이 있으니 다음 단계를 지켜야 합니다.

1) 컴퓨터 해킹 예방

사이버 범죄자들이 패스워드를 훔치기 위해 가장 많이

사용하는 방법이 먼저 컴퓨터를 악성코드에 감염시키는 것입니다. 컴퓨터가 해킹되면, 해커들은 컴퓨터에 악성코드를 감염시켜 우리가 키보드로 입력하는 내용을 저장합니다. 온라인 뱅킹을 위해 입력하는 사용자명과 패스워드도 저장할 수 있으며, 입력한 정보가 자동으로 도난당하여 다른 컴퓨터로 전송될 수 있습니다. 그렇게 되면 사이버 범죄자는 훔친 ID로 은행 계좌정보에 접근하여 돈뿐만 아니라 모든 정보를 훔칠 수 있습니다. 따라서 패스워드를 보호하기 위해 중요한 것은 컴퓨터를 먼저 보호하는 것입니다. 악성코드로부터 컴퓨터를 보호하기 위해, 악성코드가 컴퓨터 취약점을 이용한 공격을 막기 위해 최소한 컴퓨터 운영체제 및 소프트웨어를 자동으로 업데이트할 수 있도록 설정하고, 최신의 안티바이러스를 가지고 있어야 합니다.

e-프라이버시

2) 사이트마다 다른 패스워드 사용

네이버, 카카오톡, 구글, 페이스북, 트위터 등 개인적으로 사용하는 계정과 직장이나 은행 계좌번호 접근을 위해 사용하는 패스워드를 동일한 패스워드로 하는 것은 위험합니다. 서로 다른 패스워드를 사용하면, 하나의 사이트 패스워드가 해킹되더라도 다른 계정은 안전하게 지킬 수 있습니다.

3) 패스워드 공유 금지

시스템 관리자, IT 지원 인력 등을 포함해서 다른 사람과 절대로 패스워드를 공유하면 안 됩니다. 패스워드는 비밀 데이터이므로, 다른 사람이 패스워드를 알고 있다면, 더는 안전하다고 할 수 없습니다.

4) 공공장소 컴퓨터에서 로그인 금지

PC 방, 호텔, 도서관 등 공공장소의 컴퓨터는 다른 사람들이 컴퓨터를 어떻게 사용했는지 알 수 없습니다. 즉 공공장소의 컴퓨터는 악성코드에 감염되었을 확률이 높습니다. 앞서 악성코드가 설치되어 있다면, 키보드 입력 값을 가로챌 수 있다고 하였습니다. 그러므로 반드시 본인이 통제할 수 있고 신뢰하는 컴퓨터에서만 로그인해야 합니다.

무료 와이파이

5) 패스워드를 기억하기 힘들 때는 안전한 곳에 저장

패스워드가 너무 많아서 패스워드를 한 곳에 기록해야한다면 본인만 접근할 수 있는 잠금장치가 있는 곳에 저장해야 합니다. 절대로 공개적인 장소에 노출될 수 있는곳에 저장하면 안 됩니다. 또 다른 방법은 컴퓨터나 스마트폰과 같이 패스워드관리 프로그램을 이용해서 암호화하여 저장할 수 있습니다.

6) 웹사이트에서 개인적인 질문에 답할 때 조심

웹사이트에서 계정을 만들 때, 개인적인 사항을 물어보는 질문이 있습니다. 이것은 나중에 패스워드를 잊어버린경우 다시 설정할 때 사용하는 것인데, 이러한 개인적인사항은 페이스북이나 개인이 운영하는 블로그 같은 곳에서 찾아볼 수 있습니다. 만약 개인적인 질문에 대해 답해야 한다면, 공개적으로 알려지지 않은 것을 이용하는 것이 좋습니다. 웹사이트에서 SMS 문자 메시지를 이용해서 패스워드 찾도록 하는 방법이 있다면, 이것이 좀 더 안전합니다.

7) 패스워드 변경

계정을 가지고 있는 사이트가 해킹되었거나, 또는 패스워드가 유출된 것으로 의심되어, 자신의 패스워드가 안전하지 않다고 생각한다면, 안전한 컴퓨터에서 즉시 패스워드를 변경해야 합니다. 패스워드를 변경할 때는 앞의 절차를 따르기 바랍니다.

8) 회원 탈퇴

온라인 쇼핑몰, SNS, 포털 등 많은 사이트에 회원가입하고 사용하지 않는 경우가 많습니다. 사용하지 않는 사이트는 탈퇴하는 것이 안전합니다. 한국인터넷진흥원의 정보클린센터(http://www.eprivacy.go.kr/)에서는 개인의 회원가입 정보를 검색해주고 있습니다. 여기를 이용해서 본인의 회원가입 사이트를 확인하고, 사용하지 않는 사이트는 회원 탈퇴하고 계정을 삭제하는 것이 안전합니다.

▶▶▶ 보안 팁

가능하면 2단계 인증을 사용하십시오. 우리 정보를 보호해 줄 수 있는 가장 강력한 방법의 하나입니다.

개요

우리가 누구인지를 검증하는 프로세스인 인증 과정은 개인의 소중한 정보 또는 경제적인 자산을 지키는 데 중요한 방법입니다. 이메일, 사진, 은행 계좌, 신용카드와 같이 자신의 정보에 접근하기 위해서는, 자신을 증명하는 과정에서 강력한 인증을 사용해야 합니다.

자신을 증명하기 위해서는 3가지 방법이 있습니다. 즉, 패스워드와 같이

① 우리가 알고 있는 것.

② 운전면허증과 같이 우리가 가지고 있는 것.

③ 지문과 같이 우리가 가지고 있는 유일한 것이 있습니다.

이러한 방법은 각각 장단점이 있습니다. 가장 일반적인

인증방법은 패스워드와 같이 우리가 알고 있는 것을 이용하는 것입니다. 이번 절에서는 광범위하게 사용되고 있는 패스워드보다 훨씬 안전한 2단계 인증을 이용해서 우리 자신을 보호하는 방법을 설명합니다.

패스워드

패스워드는 우리가 알고 있는 것을 기반으로 우리가 누구인지를 증명하는 것입니다. 패스워드의 위험성은 단일장애점(SPOF1)이라는 것입니다. 누군가 우리의 패스워드에 접근하거나 추측할 수 있다면, 신분을 위장하고 패스워드로 보호한 모든 정보에 접근할 수 있습니다. 그래서 공격자들이 추측하기 어렵게 하고, 계정마다 다른 패스워드를 사용하고, 다른 사람과 공유하지 않는 등의 패스워드 보호

---

1) 단일장애점(SPOF): 장애로 인하여 전체 시스템 기능을 저해하는 요소를 말함. 즉 패스워드가 해킹되면, 모든 정보가 해커의 손으로 넘어가며, 실사용자는 통제할 수 없게 됨.

방법을 배워야 합니다. 이러한 권고가 유효하지만, 패스워드는 유용성보다 더 오랫동안 존재하며, 요즘 시대에 더는 효과적이지 않습니다. 새로운 기술이 발달함에 따라 사이버 공격자들은 더 쉽게 패스워드를 해킹할 수 있게 되었습니다. 우리가 필요한 것은 쉽게 사용할 수 있고 강력한 인증을 위해 간단하면서도 더 안전한 방법입니다. 다행히도 최근에 2단계 인증이라는 방법을 많이 사용하고 있습니다.

2단계 인증

2단계 인증(이중 인증)은 단순한 패스워드보다 더욱 안전한 방법입니다. 인증을 위해 단 한 번만 인증을 요구하지 않고, 서로 다른 2가지 방법을 요구하는 것입니다. ATM 카드가 그 예입니다. 우리가 ATM 기기에서 돈을 인출할 때, 실제로 2단계 인증을 사용하고 있습니다. 돈에 접근할 때 2가지를 해야 합니다. ATM 카드(우리가 가지고 있는 것)와 PIN 번호(우리가 알고 있는 것)입니다. ATM 카드를 분실해도 돈은 안전합니다. 카드를 주운 어떤 사람이 PIN 번호를 알지 못하면(카드 뒤에 PIN 번호를 작성하면 위험할 수 있음.) 돈을 인출할 수 없습니다. 마찬가지로 PIN 번호만 알고 있다고 하더라도, 카드가 없으면 돈을 인출할 수 없습니다. 공격자가 ATM 계정을 해킹하기 위해서는 2가지 다 필요합니다. 그러므로 2단계 인증은 훨씬 안전한 방법입니다. 즉 2단계 보안 계층을 제공합니다.

2단계 인증 사용하기

2단계 인증은 각각의 계정에 대해서 개별적으로 설정해야 합니다. 많은 온라인 서비스에서 2단계 인증을 제공하고 있습니다. 구글은 전 세계 수억 명에게 무료 온라인 서비스를 제공하므로 구글 계정은 사이버 공격자의 주요 공격대상이 되고 있습니다. 그래서 구글은 강력한 인증을 제공하는 것이 필요하였으며, 대부분 온라인 서비스에 2단계 인증을 적용하였습니다. 구글의 2단계 인증 동작방법을 이해하면 트위터, 페이스북, 애플, 인스타그램 및 많은 은행 등 대부분 사이트에서 2단계 인증 동작방법을 이해할 수 있습니다.

구글의 2단계 인증은 다음과 같이 동작합니다. 먼저 구글 계정에서 2단계 인증을 활성화하고, 휴대폰 번호를 등록합니다. 이것이 완료되면, 2단계 인증은 다음과 같이 동작합니다. 먼저 사용자명과 패스워드를 통해 계정으로 로그인합니다. 이것은 우리가 알고 있는 첫 번째 요소입니다. 하지만 구글은 그다음 우리가 가지고 있는 스마트폰으로 6자리 숫자 코드를 문자 메시지로 전송합니다. 패스워드와 마찬가지로, 이 번호를 입력해야 합니다. 계정으로 로그인하기 위해서는 패스워드를 알고 있어야 하고, 문자 코드를 받기 위해서 휴대폰을 가지고 있어야 합니다. 공격자가 패스워드를 알고 있더라도 휴대폰을 가지고 있지 않다면, 구글 계정에 접근할 수 없습니다. 계정의 보안을 위해, 구글에서 계정이 로그인할 때마다 새로운 코드를 보내줍니다.

구글 등 많은 사이트에서 2단계 인증을 위한 다른 방법도 제공합니다. SMS 문자 메시지를 받는 대신, 스마트폰에 인증 앱을 설치할 수 있습니다. 이 앱에서 로그인할 때마다 유일한 코드를 생성합니다. 모바일 앱을 사용하는 이점은 코드를 받기 위해 인터넷에 연결되어 있을 필요가 없다는 점입니다. 스마트폰에서 자체적으로 코드를 생성해줍니다. 이 코드는 전송되는 것이 아니라 휴대폰에서 생성되기 때문에 가로챌 수 없습니다.

2단계 인증은 기본으로 활성화되어 있지 않은 경우가 많습니다. 이 기능을 사용하려면, 사용자가 활성화해야 합니다. 가능하다면 특히 이메일, 온라인 뱅킹, 클라우드 저장소와 같은 중요한 서비스는 2단계 인증을 사용할 것을 강력히 추천합니다. 2단계 인증은 단순한 패스워드보다 정보보호 기능이 뛰어납니다.

>>> 보안 팁

패스워드관리 프로그램을 이용하면, 다양한 계정의 모든 패스워드를 안전하게 저장하고 이용할 수 있습니다.

패스워드 관리 프로그램

이미지 출처 : http://justpressrestart.com/best-password-manager-software-reviews/

개요

온라인에서 자신을 보호할 수 있는 가장 중요한 단계 중 하나는 인터넷 계정에 대해 유일하고 강력한 패스워드를 사용하는 것입니다. 하지만 대부분 사람은 많은 계정을 가지고 있어 모든 패스워드를 기억하는 것이 거의 불가능합니다.

이를 간단하게 해결하는 방법은 패스워드관리 프로그램을 사용하는 것입니다. 이 프로그램은 로그인 인증정보를 안전하게 저장해줍니다. 또한, 이 프로그램을 이용해서 웹사이트, 모바일 앱 및 다른 애플리케이션에 로그인할 수 있습니다.

프로그램 동작방법

패스워드관리 프로그램은 디지털 금고같이 동작합니다. 이 프로그램은 사용자 ID, 패스워드 등 민감 정보를 안전하게 저장할 수 있습니다. 웹사이트에서 로그인 계정을 요구하면, 이 프로그램은 자동으로 패스워드를 찾아서 웹사이트에 안전하게 로그인할 수 있습니다. 이 프로그램은 수백 개의 유일하고, 강력한 패스워드를 만들어줍니다. 생성된 패스워드를 기억할 필요가 없습니다.

패스워드관리 프로그램은 데이터베이스에서 상세 정보를 저장하며, 이곳을 금고라고 합니다. 이 프로그램은 금고의 콘텐츠를 암호화하고, 자기만 알고 있는 마스터 패스워드로 보호합니다. 온라인 뱅크 또는 이메일 계정에 로그인하기 위해 인증정보가 필요하면, 금고를 열기 위해 패스워드관리 프로그램의 마스터 패스워드를 입력하기만

하면 됩니다.

어떤 패스워드관리 프로그램은 로컬 시스템 또는 스마트폰에 금고를 저장하며, 어떤 패스워드관리 프로그램을 구축한 업체가 관리하는 원격 웹사이트에 금고를 저장합니다. 추가로 대부분 이 프로그램은 자기가 인가한 다양한 기기에서 금고의 콘텐츠를 자동으로 동기화할 수 있습니다. 노트북에서 패스워드를 업데이트하면, 이 변경사항은 스마트폰, 태블릿 또는 사용하는 다른 컴퓨터와 동기화됩니다. 데이터베이스가 어디에 저장되었는지에 상관없이, 사용하고자 하는 시스템 또는 기기의 패스워드관리 프로그램을 설치해야 합니다.

먼저 패스워드관리 프로그램을 설치할 때, 수동으로 로그인 ID 및 패스워드를 입력해야 합니다. 그 후에는 패스워드 프로그램이 새로운 온라인 계정을 등록할 때, 기존 계정의 패스워드를 업데이트할 때를 탐지하여, 자동으로 금고를 동시에 업데이트합니다. 이러한 통합과정을 통해 자동으로 웹사이트에 로그인할 수 있도록 합니다.

패스워드관리 프로그램은 민감 데이터를 안전하게 저장

하도록 설계되었습니다. 하지만 금고의 콘텐츠를 보호하는 데 사용하는 마스터 패스워드는 다른 사람이 추측할 수 없는 어려운 것이어야 합니다. 마스터 패스워드를 가장 강력한 패스워드 형태의 문구로 만들 것을 권고합니다. 만약에 패스워드관리 프로그램에서 마스터 패스워드에 2단계 인증을 지원한다면, 이 기능을 사용하기 바랍니다.

마지막으로 마스터 패스워드를 다른 시스템이나 계정의 패스워드로 절대 사용하면 안 됩니다. 이렇게 하면 해커들이 금고에 접근하고자 하더라도, 패스워드 추측이 불가능합니다. 마지막으로 마스터 패스워드를 반드시 기억해야 합니다. 만약에 이것을 잊어버리면 다른 패스워드에 접근할 수 없게 됩니다.

프로그램 선택

인터넷 포털사이트의 검색창에서 "패스워드관리 프로그램" 또는 "password manager"라고 검색하면, 선택할 수 있는 무료 오픈 소스 및 상용 패스워드관리 프로그램을 보여줍니다. 하지만 좋은 프로그램을 선택하기 위해서는 다음의 사항을 유의해야 합니다.

- 패스워드 프로그램이 사용하고자 하는 금고에 접근할 때 모든 시스템 및 모바일 기기에서 동작할 수 있는지 확인: 이러한 프로그램은 모든 기기에 금고의 콘텐츠를 쉽게 동기화해줍니다.

- 유명하고 믿을 수 있는 프로그램 사용: 오랫동안 업데이트되지 않고, 피드백이 없는 것은 주의가 필요합니다. 가짜 안티바이러스 소프트웨어처럼 사이버 범죄자들은 정보를 훔치기 위해 가짜 프로그램을 만들 수 있습니다.

- 쉽게 사용할 수 있어야 함: 만약에 너무 복잡해서 이해하기 힘들면, 자신의 스타일이나 전문성에 맞는 다른 제품을 찾아보는 것이 좋습니다.

- 항상 업데이트 및 패치: 최신 버전 프로그램을 사용해야 합니다.

- 패스워드관리 프로그램은 다양한 계정에 대해서 강력한 패스워드를 쉽게 설정할 수 있어야 함: 자동으로 강력한 패스워드를 생성하는 기능과 선택한 패스워드의 강도를 보여줄 수 있어야 합니다.

- 패스워드관리 프로그램: 비밀 보안 질문에 대한 답, 신용카드 또는 파일 숫자 등 다른 민감 정보를 저장하는 선택사항을 제공해야 합니다.

- 산업계 표준기술을 이용하여 암호화하지 않고 사설 또는 알려지지 않은 암호기술을 사용하고 있는지 주의가 필요함: 사설 또는 알려지지 않은 암호제품을 광고하는 프로그램은 주의해야 합니다.
- 마스터 패스워드를 복구할 수 있다고 주장하는 패스워드관리 프로그램은 사용 자제: 이 말은 회사에서 우리의 마스터 패스워드를 알고 있다는 것이며, 이로 인해 위험이 증가할 수 있습니다.

패스워드관리 프로그램은 모든 패스워드 및 민감 정보를 안전하게 저장할 수 있는 강력한 도구입니다. 하지만 중요한 정보를 보호하기 때문에 공격자들이 추측하기 어려운 강력하고 쉽게 기억할 수 있는 마스터 패스워드를 사용해야 합니다.

03

안전한 인터넷 접속

    과거에는 ISP 통신사를 통해 유선으로만 인터넷 접속이 가능했지만, 지금은 유선 인터넷뿐만 아니라, 와이파이 및 무선 LTE망을 통해 언제 어디서든지 인터넷 접속이 가능하게 되었습니다. 인터넷에 접속할 때 가장 많이 사용하는 웹 브라우저라는 도구를 이용해서 접속합니다. 많은 사람이 출장이나 여행갈 때 호텔이나 지하철, KTX, 공항 등 외부 인터넷을 많이 이용하지만, 많은 위험이 존재합니다. 그리고 많은 사람이 SNS를 통해 인터넷으로 새로운 친구를 만나고 소통할 수 있지만, SNS로 인한 피해 또한, 증가하고 있습니다.

    3장에서는 인터넷 이용할 때 가장 많이 사용하는 브라우저를 안전하게 이용하는 방법과 외출 중에 외부 인터넷 접속 시 유의점 및 안전하게 SNS를 이용하는 방법에 대해서 알아봅니다.

이미지 출처 : http://www.energyworx.com/smartgridsiot/

▶▶▶ 보안 팁

인터넷 접속을 위해 제일 먼저 찾는 도구가 브라우저입니다. 브라우저를 이용해서 안전하게 온라인 활동을 하기 위해서는 최신 브라우저를 사용해야 합니다.

일반 사람이 인터넷을 쉽게 사용하게 하고, 인터넷 서비스를 확대한 도구가 바로 브라우저입니다. 그래서 많은 사람은 브라우저가 곧 인터넷으로 생각하기도 합니다. 브라우저에는 PC에서 사용하는 인터넷 익스플로러, 에지, 크롬, 파이어폭스 또는 사파리 등 여러 종류가 있습니다. 스마트폰 등 모바일 기기에도 다양한 기본 브라우저가 설치되어 있습니다. 브라우저는 인터넷과 함께 상호작용하기 위한 가장 중요한 도구의 하나입니다. 사용자는 이 중 가장 편리한 것을 선택하여 사용하면 됩니다.

browser icons

사이버 공격자는 브라우저가 가장 많이 사용되는 것을 알고 있으므로, 웹 브라우저를 첫 번째 공격 목표로 삼는 경우가 많습니다. 왜냐하면, 웹 브라우저는 사용자가 모르게, 엄청나게 많은 정보를 수집하기 때문입니다. 이번 절에서는 컴퓨터와 프라이버시를 보호하기 위해 브라우저를 안전하게 이용하는 방법에 관해서 설명합니다.

최신 브라우저 사용하기

사용자를 보호하기 위한 가장 최선의 방법은 최신 웹 브라우저를 사용하는 것입니다. 브라우저는 다양한 종류가 있어 선택할 수 있으며, 어떤 브라우저를 사용해도 큰 차이는 없습니다. 하지만 중요한 것은 브라우저 종류와 관계없이 최신의 브라우저를 사용하는 것이 안전합니다. 공격자들은 브라우저에 있는 프로그래밍 에러 및 취약점을 지속해서 찾고 있습니다. 그리고 공격자들이 취약점을 발견하게 되면, 이 취약점을 악용하여 컴퓨터에 접근할 수도 있고, 어떤 때는 컴퓨터를 완전히 통제할 수도 있습니다. 브라우저 개발업체(마이크로소프트, 구글 또는 애플사)에서 이러한 취약점을 수정하기 위한 패치(수정본)를 발표합니다. 그래서 브라우저를 최신의 상태로 유지하면, 취약점이 수정되었다는 것을 의미합니다. 웹 브라우저를 최신으로 업데이트하기 위해서는 PC 운영체제와 브라우저에 자동 업데이트 기능을 사용하는 것이 좋습니다. 크롬과 같은 브라우저는 브라우저를 시작할 때마다 자동으로 업데이트합니다.

플러그인 및 애드온

플러그인(혹은 애드온)은 브라우저에 추가로 설치되는 프로그램입니다. 추가되는 프로그램은 오히려 컴퓨터에 위험이 될 수 있는 문제점이 있습니다. 브라우저에 설치되는 새로운 프로그램에는 고유의 취약점이 존재하기 때문입니다. 그래서 꼭 필요한 플러그인만 설치하고, 반드시 알려지고 믿을 만한 사이트에서 다운로드하는 것이 안전합니다. 가끔 어떤 웹사이트를 방문하면, 사이트에서 플러그인을 설치하라고 요청하는 것을 볼 수 있습니다. 하지만 이것은 악성코드에 감염된 소프트웨어를 설치할 확률이 높으므로 조심해야 합니다. 필요하다면, 플러그인을 직접 개발한 사이트에서 다운로드하여 설치하는 것이 안전합니다. 예를 들어 플래시 플레이어를 설치하고자 한다면, www.adobe.com의 어도비 사이트에서 직접 다운로드해서 설치하는 것이 바람직합니다.

일단 브라우저 플러그인을 설치하였다면, 브라우저와 마찬가지로 플러그인도 최신으로 업데이트해야 합니다. 만약에 플러그인에 자동 업데이트 기능이 없다면, 업데이트하기가 쉽지 않을 수 있습니다. 그렇다면 수동으로 확인해서 업데이트해야 합니다. 즉, 최소 한 달에 한 번은 브라우저 플러그인의 상태를 확인하기를 권고합니다. 플러그인의 업데이트 여부를 확인해주는 여러 개의 사이트가 존재합니다.

보안 기능

웹 브라우저는 자체적으로 보안 기능을 가지고 있습니다. 천천히 시간을 들여서 브라우저의 보안 기능 및 옵션을 한번 살펴보기 바랍니다.

https

프라이버시

영어로 '프라이버시(Privacy)'라는 말은 일상적으로 많이 사용하는 외래어입니다. 굳이 번역하자면, "개인정보 보호" 또는 '사생활'이라고 할 수 있습니다. 우리가 공개를 원치 않는 사생활이 공개될 경우 큰 혼란을 일으킬 수 있습니다. 인터넷에서는 오프라인보다 더 쉽게 사생활이 저장되고 공개될 수 있습니다.

우리가 모르는 상태에서, 브라우저는 "쿠키, 방문한 페이지, 방문 내역"과 같은 온라인상 활동에 대한 엄청난 양의 정보를 저장하고 있습니다. 쿠키는 웹사이트에서 브라우저로 보내는 조그마한 데이터 파일이며, 사용자의 선호도를 저장하는 등 웹을 좀 더 쉽게 할 수 있도록 하는 데 사용되는 것입니다. 그런데 쿠키로 인해 회사에서는 웹 방문 내역을 추적할 수 있습니다. '저장된 페이지'는 브라우저 사용자가 방문한 웹사이트를 저장한 것입니다. 방문한 페이지를 저장해놓으면, 시스템 성능을 향상하는 데 사용할 수 있지만, 잘못하면 우리가 원하지 않는데, 다른 사람이 내가 접근한 페이지를 볼 수 있습니다.

대부분 브라우저는 방문한 모든 웹사이트의 '히스토리'를 저장하고 있습니다. 이 기능으로 브라우저는 사용자가 가장 많이 방문하는 웹사이트로 좀 더 빨리 이동할 수 있게 해주는 역할을 합니다. 하지만 누군가 원하지 않는 사람이 내가 방문한 페이지나, 사이트를 본다면 얘기가 달라집니다. 그래서 프라이버시를 보호하기 위해서 이 기능을 사용하지 않을 수 있습니다. 일부 브라우저는 수동으로 저장된 데이터를 삭제하는 기능을 제공하거나, 또는 자동으로 브라우저가 종료할 때마다 저장된 데이터를 삭제합니다.

많은 브라우저가 방문한 사이트 및 쿠키, 히스토리 등 모든 데이터를 수집하지 않게 하는 '프라이버시 모드' 기능을 제공합니다.

이 기능을 사용하면, 인터넷 서핑 활동 기록이 전혀 저장되지 않지만, 사이트와의 상호작용하는 데 약간의 제한이 따를 수 있습니다. 브라우저의 프라이버시 세팅을 확인하여 이러한 기능을 변경할 수 있는지 알아보기 바랍니다.

마지막으로 브라우저를 이용해서 서핑하면, 암호화되지 않는 것이 일반적입니다. 암호화하면 민감한 데이터를 전송할 때 모니터링되거나 다른 사람들이 내용을 보고 저장할 수 없도록 할 수 있습니다. 암호화로 연결되었는지 확인하는 방법은 브라우저 주소창의 주소가 HTTPS로 시작하는지 확인하면 됩니다. 트위터, 페이스북, 구글과 같은 사이트는 기본으로 HTTPS 연결을 지원합니다. 온라인 뱅킹이나 쇼핑을 할 때도 암호화된 연결을 사용하기 바랍니다.

▶▶▶ **보안 팁**

SNS는 강력하고 재미있는 도구이지만, 게시물을 게시할 때는 신중해야 합니다. SNS상에서는 신뢰할 수 있는 사람인지 판단해야 합니다.

개요

아마 대부분 사람은 카카오톡, 카카오스토리, 페이스북, 인스타그램, 트위터, 구글+ 또는 링크인LinkedIn같은 소셜 네트워킹 사이트SNS 서비스에 최소 하나 이상의 계정을 가지고 있을 겁니다. 대부분의 SNS는 무료이며, 사람들은 유명한 SNS를 통해 전 세계의 다양한 사람과 온라인으로 만나서 교류하고 소통할 기회를 가질 수 있습니다. 그러나 SNS의 좋고 훌륭한 기능 때문에 자신뿐만 아니라, 가족, 친구 또는 회사에 위험이 따릅니다. 이번 절에서 SNS 서비스에 대한 위험을 살펴보고, SNS를 안전하게 사용하는 방법에 대해서 알아봅니다.

카카오톡　　　　페이스북　　　인스타그램

프라이버시

SNS를 사용할 때 일반적으로 가장 많이 생기는 문제는 바로 프라이버시 문제입니다. 즉 우리 자신의 정보가 다른 사람들에게 공유되고 있다는 것입니다. 사적인 정보가 지나치게 많이 공유되면, 다음과 같은 위험이 존재합니다.

• **경력 관리상의 피해**

SNS 사이트에 올린 곤란한 정보로 인해서 미래에 피해를 입을 수 있습니다. 많은 회사나 기관에서 신입직원을 채용할 때, 직원들의 배경을 알아보는 차원에서 직원들의 SNS 사이트를 찾아봅니다. 당혹스럽거나 범죄와 연관 있는 게시물이 있다면, 아무리 오래된 것이라도 새로운 직업을 구하는 데 방해가 될 수 있습니다. 또한, 대학에서 학생들을 선발할 때도 유사한 방법을 이용하고 있습니다.

• 우리 자신에 대한 위험

사이버 범죄자들은 SNS 사이트에서 우리의 정보를 수집할 수 있고, 우리를 공격하는 데, 수집한 정보를 이용할 수 있습니다. 예를 들어, 패스워드 찾기 위한 힌트 질문과 답을 수집한 개인적인 정보를 이용해서 패스워드를 변경하거나, 신용카드를 신청하는 데 사용하는 "비밀 질문"의 답을 추측해서 패스워드를 다시 만들 수 있습니다.

sns

• 회사에 대한 위험

범죄자들은 우리가 다니는 회사를 상대로 경쟁회사의 자료를 수집하거나 사이버 공격을 준비할 때 SNS에서 우리 회사와 관련된 정보를 수집할지 모릅니다. 더욱이 우리의 온라인 활동이 의도와는 다르게 회사에 나쁜 영향을 끼칠 수 있습니다. 그래서 회사의 SNS 정책과 지침이 있는지 확인하고, 조직의 정보와 평판을 안전하게 지킬 방법에 대해서 알아야 합니다.

위의 언급한 위험들로부터 스스로 지킬 수 있는 가장 효과적인 방법은 자신의 정보를 올릴 때 좀 더 신중해지는 것입니다. 지금 공유하고 있는 정보가 나중에 불리하게 이용될 수 있는지에 대해서 고민해봐야 합니다. 또한, 사이트에 공유될 수 있는 정보를 볼 수 있는 사람을 제한하기 위해 SNS 프로필의 프라이버시를 엄격하게 설정하는 것도 필요합니다.

우리 자신의 정보가 의도하지 않았는데, 웹사이트나 친구들에 의해 유출될 수 있다는 점을 명심해야 합니다. 차라리 인터넷에 올라간 모든 게시물은 어느 시점에는 공개된 정보가 될 수 있다고 가정하는 것이 좋습니다. 또한, 다른 사람이 우리에 대해 어떤 내용을 게시하고 있는지도 알고 있어야 합니다. 당신이 공유하기 싫은 정보나 사진 같은 것을 친구가 게시한다면 삭제를 요청하기 바랍니다.

보안

SNS 사이트는 정보 누출 원인이 될 뿐만 아니라, 시스템 공격이나 사기행각을 위한 도구로 악용될 수 있습니다. 자신을 보호할 수 있는 몇 가지 방법을 소개합니다.

- 로그인: 강하고 유일한 패스워드로 계정을 보호하고, 다른 사람과 공유하면 안 됩니다. 또한, 몇몇 SNS 사

이트는 이중 인증과 같은 강력한 인증 기능을 지원합니다. 가능하면, 이러한 강한 인증 기능을 사용하기 바랍니다. 마지막으로 SNS 사이트별로 다른 패스워드를 사용하기 바랍니다. 한 번 해킹되면, 모든 계정이 취약하게 됩니다.

• 프라이버시 설정: 만약에 프라이버시 설정을 사용하면, 주기적으로 점검하고 시험해야 합니다. SNS 서비스는 프라이버시 설정을 자주 변경합니다. 또한, 많은 앱 및 서비스가 게시물의 콘텐츠에 위치 정보를 태깅합니다. 물리적인 위치를 노출하고 싶지 않다면, 주기적으로 설정사항을 확인해야 합니다.

• 암호: SNS는 HTTPS라고 부르는 암호화 기능을 사용해서 사이트와의 연결을 암호화합니다. 트위터 및 구글+ 등 일부 사이트는 기본적으로 암호 기능을 제공하며, 일부 사이트는 HTTPS를 직접 설정해야 합니다. 자신이 사용하는 SNS 계정 설정을 확인하고, 가능하면 항상 HTTPS 기능을 이용하기 바랍니다.

• 이메일: SNS 사이트에서 온 것으로 보이는 이메일에

있는 링크를 클릭할 때 주의하기 바랍니다. 이것은 사이버 범죄자들이 보낸 사기성 공격일 수 있습니다. 이러한 메시지에 대응하는 가장 안전한 방법은 저장된 북마크를 이용해서 직접 웹사이트에 로그인하는 것입니다. 그리고 모든 메시지나 공지내용을 직접 웹사이트를 방문해서 확인하기 바랍니다.

- 악성 링크/사기: SNS에 게시된 사기성 글이나 의심스러운 링크를 주의해야 합니다. 사이버 범죄자들이 SNS를 이용해서 공격을 전파하는 것입니다. 친구가 메시지를 게시하였다고 해도 반드시 친구가 하지 않았을 수도 있습니다. 친구의 계정이 해킹되었을 수도 있습니다. 만약에 가족이나 친구가 확인할 수 없는 이상한 메시지를 게시하였다면(도둑이 들었다거나, 돈을 보내달라는 등), 연락해서 확인하기 바랍니다.

- 모바일 앱: 대부분 SNS 사이트는 온라인 계정에 접근할 수 있는 모바일 앱을 제공하고 있습니다. 모바일 앱을 다운받을 때는 신뢰받는 사이트에서 다운받고, 스마트폰은 강력한 패스워드가 설정되어 있어야 합니다. 만약에 스마트폰을 분실했을 때 잠금이 되어

있지 않으면, 누구나 스마트폰을 통해 SNS 사이트에 접근할 수 있고, 우리 계정으로 게시할 수 있습니다.

SNS 서비스는 전 세계 사람들과 교류할 수 있게 해 주는 강력하고 재미있는 도구인 것은 확실합니다. 만약 우리가 여기 설명을 숙지하고 따른다면, 더욱 안전하게 온라인 SNS 서비스를 누릴 수 있습니다.

▶▶▶ 보안 팁

여행지 또는 공공장소의 무료 인터넷 이용 시에는 패스워드 입력이 필요한 사이트는 될 수 있는 대로 이용하지 말고, 로그인하였을 경우에는 안전한 인터넷 환경에서 즉시 패스워드를 변경하기 바랍니다.

인터넷은 가정 또는 회사 등에서만 사용하지 않고, 여행 중 호텔, 공항 또는 지하철 등에서 와이파이를 통해 접속하여 사용할 수 있습니다. 하지만 외부에 노출된 인터넷은 누가, 어떤 목적으로 제공하고 있는지 확인할 방법이 거의 없습니다. 이번 절에서는 여행 중 인터넷에 안전하게 접속하는 방법 및 준비사항에 대해서 알아봅니다.

이미지 출처 : http://m.wikitree.co.kr/main/news_view.php?id=162381

가정이나 직장의 인터넷은 비교적 안전할 수 있지만, 여행할 때 접속하는 네트워크는 신뢰할 수 없다는 것을 이해해야 합니다. 왜냐하면, 누가 네트워크에 접속해있는지, 어떤 위협이 있는지 알 수가 없기 때문입니다. 하지만 여행 전 간단한 조치를 통해 여행 중에 안전하게 데이터를 보호할 수 있습니다. 여행 출발 1~2주 전에는 다음과 같은 사항을 점검해야 합니다.

- 여행할 때 챙겨가는 노트북 또는 스마트폰에 필요 없는 데이터가 무엇인지 파악하고, 불필요한 정보는 삭제합니다. 이렇게 하면 기기 분실, 도난 또는 세관에 압수되더라도 피해를 줄일 수 있습니다. 만약에 업무 관련 여행이라면, 회사에서 출장 시 사용할 수 있는 기기가 있는지 문의해보기 바랍니다.

- 해외여행의 경우, 방문 국가의 전기 어댑터가 어떤 종류인지 미리 확인해야 합니다. 어댑터가 맞지 않으면 기기 충전용 어댑터를 구매해야 합니다. 추가로 휴대폰의 경우 모바일 서비스업체에서 어떤 서비스를 받을 수 있는지 확인이 필요합니다. 일부에는 모바일

서비스업체에서 국제 데이터 사용 시 높은 요금을 부과할 수 있으므로, 이 경우 국제 여행 시에는 셀룰러 데이터 기능을 꺼두는 것이 좋습니다.

- 기기에 위치를 추적할 수 있는 소프트웨어 또는 앱을 설치해서, 기기를 분실하거나 도난당했을 때, 원격에서 기기 위치를 추적하고, 원격에서 데이터를 삭제할 수 있도록 합니다. 대부분 모바일 기기는 이러한 기능이 포함되어 있으므로, 기능을 활성화하기만 하면 됩니다(기능을 활성화하려면 인터넷 접속이 가능해야 합니다).

여행 출발 1~2일 전

- 노트북 또는 스마트폰의 운영체제, 애플리케이션 및 안티바이러스 소프트웨어를 최신으로 업데이트하여 최신 버전으로 운영되도록 합니다.
- 노트북은 방화벽과 같이 보안 설정사항을 확인하여 활성화합니다.
- 모바일 기기는 강력한 패스워드로 잠금을 설정합니다. 이렇게 하면 기기를 분실하거나, 도난당하더라도 사람들이 기기에 있는 정보에 접근할 수 없습니다.

- 기기의 모든 정보를 암호화하여 분실, 도난 시 데이터 접근을 차단할 수 있습니다. 아이폰 같은 일부 기기는 기기에 패스워드를 설정하면 자동으로 데이터를 암호화합니다.
- 노트북 또는 스마트폰에 있는 데이터를 백업합니다. 이렇게 하면 여행 중 악성코드 감염, 도난/분실 등 예상하지 못한 일이 발생해도 모든 데이터를 안전한 장소에 저장할 수 있으며, 향후에 복구할 수 있습니다.

기기 분실 및 도난

일단 여행을 시작하면, 기기의 물리적 안전이 중요합니다. 예를 들어 사람들이 쉽게 볼 수 있는 자동차 안에 기기를 두면 안 됩니다. 범죄자들이 자동차 창문을 부수고, 자동차 안에 있는 귀중품을 훔칠 수 있습니다. 필요하다면 잠금 케이블을 사용해서, 노트북과 같은 것을 두고 내릴 때는 물리적으로 잠금장치를 하는 것이 좋습니다. 사람들이 잘 모르는 있는 점은 기기를 분실할 수 있는 위험이 굉장히 높다는 것입니다. 미국 통신사인 버라이즌에서 10년간 연구한 결과, 사람들은 평생 15회 이상 기기를 분실하거나 도난당한다고 합니다. 즉, 여행 중 공항에서 보안검사대를 통과할 때, 택시나 식당을 떠날 때, 호텔을 체

크아웃할 때, 비행기에서 내릴 때는 항상 기기를 잘 챙겼는지 확인해야 합니다.

와이파이 접속

여행 중에는 호텔이나, 커피숍 또는 공항의 공공 와이파이 AP를 이용하여 인터넷에 접속합니다. 공공 와이파이 AP의 문제점은 누가 설치를 했는지, 누가 접속해서 사용하고 있는지 알 수가 없다는 것입니다. 그래서 공공 와이파이는 안전하지 않다는 것입니다. 기기를 안전하게 하기 위해서는 가능한 조처를 해야 합니다. 추가로 와이파이는 기기와 무선 AP 간 무선 주파수를 사용하여 통신합니다. 그래서 물리적으로 근처에 있는 누구나 통신을 가로채거나 모니터링할 수 있습니다.

VPN

그래서 공공 와이파이를 사용하는 경우, 모든 온라인 접속 활동은 암호화해야 합니다. 예를 들어 브라우저를 이용해서 인터넷 사이트에 접속할 때, 방문하는 웹사이트가 암호화하고 있는지 확인해야 합니다(URL에 https://를 사용하고 잠금장치 이미지가 있습니다). 추가로 VPN(가상사설망)이라고 하는 계정을 사용해서 온라인 접속을 암호화할 수 있습니다. VPN 계정은 회사에서 발급받을 수도 있고, 개인적인 용도로 VPN 계정을 구매할 수도 있습니다. 만약에 믿을 만한 와이파이 AP가 없다면, 스마트폰 테더링을 사용하는 것도 괜찮습니다(하지만 앞에서 언급했듯이 국제 데이터 통신 요금은 굉장히 비쌀 수 있으므로, 먼저 통신회사에 연락해서 확인을 해봐야 합니다).

공용 컴퓨터

호텔 로비, 도서관, 카페 등에 있는 컴퓨터는 사용하지 않는 것이 좋습니다. 왜냐하면, 그러한 컴퓨터를 누가 이용했는지 전혀 모르며, 누가 고의로 공용 컴퓨터에 악성코드를 설치하였을 수도 있고, 의도하지 않게 악성코드에 감염되었을 수도 있습니다. 가능하다면, 자신의 컴퓨터 기기를 사용하고, 믿을 수 있는 것만 사용해야 합니다. 만약에 공용 컴퓨터를 사용해야 한다면, 패스워드 입력이 필요한 서비스를 절대로 이용하면 안 됩니다.

▶▶▶ 보안 팁

어떤 사물인터넷(IoT) 기기가 홈 네트워크에 연결되었는지 확인하고 가능하다면, 홈 네트워크에서 분리해야 합니다. IoT 기기를 업데이트하고, 강력한 패스워드로 보호해주기 바랍니다.

IoT

이미지 출처 : https://yourdailytech.com/category/iot/

사물인터넷(IoT)이란 무엇인가?

과거에는 기술이 비교적 간단했습니다. 우리는 컴퓨터를 인터넷에 연결하고 일상 활동에서 사용하였습니다. 그러고 나서 기술이 스마트폰 및 태블릿과 같은 모바일 기기로 발전하면서 사람들의 일상 속으로 들어왔습니다. 이러한 기기로 인해 일반 PC 컴퓨터가 주머니 속으로 들어왔습니다.

모바일 기술 발전 다음으로 큰 기술적인 진보의 결과물은 사물인터넷IoT입니다. 사물인터넷은 영문으로 Internet of Things라고도 하며, 현관문 초인종, 전구에서부터 장난감, 온도계 등 모든 사물Things을 인터넷Internet에 연결하는 것을 의미합니다. 이렇게 연결된 사물은 우리의 생활을 편리하게 만듭니다. 예를 들어 우리 스마트폰이 집으로 가까이 가면, 집의 전등이 자동으로 동작합니다. IoT 시장은 매주 새로운 기기가 나오면서 엄청난 속도로 발전하고 있습니다. 하지만 모바일 기기와 마찬가지로 IoT 기기도 자체 보안 문제를 가지고 있습니다. 그럼 IoT의 보안 위험이 무엇인지, IoT 기기 및 가장 최종적으로 가족을 안전하게 지키는 방법을 설명하겠습니다.

IoT 보안 문제

IoT의 힘은 대부분의 기기가 단순하다는 것입니다. 예를 들어, 커피머신 코드를 연결하면, 커피머신이 가정 와이파이 네트워크에 연결됩니다. 그러나 모든 단순함은 비용에서 옵니다. IoT 기기의 가장 큰 문제는 제조 기업들이 보안에 대해서 경험이 없으며, 회사의 전문성은 가정용 가전을 제조하는 정도입니다. 또는 제조사들은 가장 효율적이고, 빠르게 제품을 개발하는 스타트업 기업입니다. 그 결과 많은 IoT 기기가 제품에 보안 기능이 거의 없습니다.

IoT-보안
이미지 출처 : https://www.linkedin.com/pulse/iot-security-challenges-mustafa-sayed

예를 들어 일부 기기에는 잘 알려진 기본 패스워드가 설정되어 있으며, 패스워드 정보가 인터넷에 올라가 있으므로, 변경도 할 수 없습니다. 또한, 이러한 많은 기기는 재설정 기능도 없습니다. 더 나쁜 경우는 많은 기기가 업데이트가 어려우며 업데이트 기능도 없습니다. 그 결과 많은 IoT 기기가 알려진 취약점이 존재하고, 수정할 수도 없어 계속해서 취약한 상태로 존재합니다.

IoT 기기 보호방법

우리는 IoT 기기의 편리함을 안전하고 효과적으로 이용하기를 원합니다. 이러한 기기는 생활을 간편하게 만들고, 돈을 절약할 수 있고, 가정의 물리적 보안을 향상할 수 있는 기능을 제공합니다. 또한, 기술이 발전할수록 IoT 기기를 어쩔 수 없이 선택하고 사용해야 합니다. 여기서는 IoT 기기의 위협과 우리 자신을 보호할 방법을 제시합니다.

- 필요한 것만 연결: IoT 기기를 안전하게 하는 간단한 방법은 인터넷에 연결하지 않는 것입니다. 만약에 IoT 기기가 인터넷 연결이 필요 없다면, 와이파이에 연결하지 않는 것이 좋습니다.
- 별도의 와이파이 네트워크: IoT 기기의 온라인 연결이 필요하다면, 별도의 와이파이 네트워크 사용을 고려하는 것이 좋습니다. 많은 와이파이 AP는 게스트 네트워크와 같은 추가적인 네트워크를 만드는 기능이 있습니다. 다른 방법은 IoT 기기만 접속할 수 있는

추가 와이파이 라우터를 구매하는 것도 좋습니다. 이렇게 하면, IoT 기기는 별도의 네트워크에 연결되어, 가정용 네트워크에 연결된 다른 컴퓨터나 기기는 공격당할 위험이 줄어들게 됩니다.

- 가능하다면 업데이트 시행: PC나 모바일 기기와 같이 IoT 기기도 업데이트가 필요합니다. 만약에 IoT 기기가 자동 업데이트 기능이 있으면 설정해주기 바랍니다.

- 강력한 패스워드: IoT 기기에 유일하고, 강력한 패스워드로 변경해주기 바랍니다. 모든 패스워드를 기억하기 힘들다면, 패스워드관리 프로그램을 이용해서 패스워드를 안전하게 저장할 수 있습니다.

- 프라이버시 옵션: IoT 기기가 프라이버시 옵션을 설정할 수 있다면, 정보 공유를 제한해주기 바랍니다. 다른 방법은 정보 공유 기능을 모두 비활성화하는 것입니다.

- 교체: 사용하는 IoT 기기에 너무 많은 취약점이 있는데, 수정이 되지 않거나 좀 더 안전한 보안 기능이 있는 신형기기가 있다면, 새로운 것으로 교체하는 것도 좋습니다.

IoT 기기 보안방법에 대해서 모범 사례를 확인하고, 기사를 확인해볼 필요가 있습니다. 하지만 대부분의 IoT 기기는 보안을 고려하지 않고 만들었습니다. 그래서 많은 제조사가 충분한 보안정보를 제공하고 있지 않습니다. 하지만 사이버보안에 대한 인식이 높아짐에 따라, 더 많은 IoT 제조사가 자사 기기에 보안기술을 포함하고, 보호방법 및 업데이트방법에 대한 정보를 제공해주는 것이 필요합니다.

04

모바일 보안

국내 스마트폰, 태블릿 PC 등 모바일 기기 이용자가 4,000만 명을 넘어섰습니다. 또한, 모바일 앱을 이용한 모바일 뱅킹 이용자 수도 6,000만 명을 넘어섰습니다. 성인 인구 대부분이 스마트폰을 이용하고 있습니다. 이제는 대부분의 성인, 중고생이 PC에서보다 더 많이 스마트폰을 이용하여 온라인 영화 시청, 티켓 예약, 게임, 쇼핑, SNS, 이메일 등 인터넷 서비스를 이용하고 있습니다. 모바일 단말기 교체 기간도 짧아서 우리나라 국민은 2년에 한 번 스마트폰을 교체하고 있습니다. 하지만 스마트폰을 처음 개통해서, 앱을 다운받아서 사용하고, 인터넷에 접속하면서 사용하고, 마지막으로 스마트폰을 폐기할 때도 많은 보안 위험이 있습니다. 이번 장에서는 모바일 기기

사용에 따르는 위험을 살펴보고, 안전하게 자신의 정보를
지키고 보호할 방법에 대해서 알아봅니다.

이미지출처: http://www.commonworldinc.com/firstclass/info/Mobile_Devices

▶▶▶ 보안 팁

스마트폰을 안전하게 지키는 기본은 운영체제와 앱을 최신으로
업데이트하는 것입니다.

　스마트폰은 휴대폰 통신 기능에 컴퓨터 및 인터넷 기능
이 통합된 것입니다. 스마트폰은 기존의 휴대폰과 비교해
서 소형 컴퓨터라는 것이 차이점이며, 일반 컴퓨터와 같
이 잘 만들어진 운영체제가 있고, 다양한 소프트웨어 응
용 프로그램을 구동할 수 있으며, 인터넷을 이용할 수 있
습니다. 스마트폰을 이용하면 이메일을 보내거나 받을 수
있고 내장 메모리가 있으며, 완벽한 기능의 키보드가 있
습니다. 최신의 스마트폰에서는 3G, 4G, LTE, 와이파
이, 블루투스 등 무선 네트워크에 접속할 수 있습니다. 어
렵지 않게 인터넷이 가능한 소형 컴퓨터를 저렴한 비용으
로 손에 넣을 수 있게 되었습니다. 새로운 스마트폰에는
점점 더 많은 기능과 더 빠른 서비스가 추가되고 있습니
다. 스마트폰이 인기를 얻으면서, 낮은 가격과 새로운 기
능 등의 요구로 인해 기존 컴퓨터에 적용되는 기본적인
보안이 무시되는 경우가 있습니다.

불행한 일이지만, 스마트폰 사용자들은 15년 전 컴퓨터 사용자가 겪었던 심각한 상황에 직면하고 있습니다. 스마트폰의 보안 기능은 제한되어 있으며, 완벽하게 개발되지 않았습니다. 그 결과 현실에서는 대부분 스마트폰은 일반 컴퓨터에서 할 수 있는 보안 수준을 따라가지 못하고 있습니다. 스마트폰은 복잡하여 네트워크에서 발생하는 위협은 계속해서 증가하고 있습니다. 이로 인해 스마트폰은 쉽게 공격자 및 악성코드의 공격대상이 되고 있으며, 일반 컴퓨터 및 노트북을 대상으로 한 사이버 공격자들이 스마트폰으로 목표를 바꾸고 있습니다.

smartphone security

이미지 출처 : http://www.cxotoday.com/story/5-tips-on-smartphone-security/

스마트폰 안전하게 사용하기

스마트폰을 보호하기 위해 가장 중요한 것은 안전하게

사용하는 방법을 아는 것입니다. 앞으로 스마트폰을 보호하기 위한 효과적인 10단계를 설명합니다. 이 방법은 스마트폰 모델과 운영체제와 관계없이 적용될 수 있습니다.

1) 패스워드 설정

스마트폰의 가장 큰 장점은 이동성이라 할 수 있습니다. 따라서 스마트폰을 분실할 가능성도 높습니다. 만약에 스마트폰이 보호장치 없이 분실된다면, 다른 사람이 스마트폰에 있는 본인 정보와 다른 사람의 정보에 접근할 수 있으며, 분실신고를 하기 전까지 전화를 사용할 수 있습니다. 스마트폰 잠금장치에 간단한 숫자를 사용하는 것보다 강력한 패스워드를 적용해서 스마트폰을 보호하는 것이 좋습니다. 스마트폰이 데이터 암호화 기능이 있으면 암호화 기능을 사용할 것을 추천합니다.

smartphone

2) 이메일 및 웹

대부분 스마트폰에서 이메일이나 웹 브라우저 사용이 가능합니다. 이 서비스는 컴퓨터와 마찬가지로 피싱 공격, 악성 웹사이트, 악성 코드 첨부 파일 및 온라인 사기 등의 동일한 위협을 내포하고 있습니다. 만약에 너무나 그럴듯하여 오히려 의심스러운 이메일을 받으면, 링크를 클릭하거나 읽어보지 말아야 합니다. 인터넷 브라우징을 할 때도 잘 알려진 사이트나 신뢰하는 사이트에만 방문하기를 바랍니다. 가능하다면, 웹 브라우저나 웹 메일을 사용할 때도 일반 컴퓨터에서 강조하듯이 SSL(https://)을 사용하기 바랍니다.

3) 무선 네트워크

스마트폰은 우리가 알지 못하는 사이에 무선망에 자동으로 접속할 수 있습니다. 일반적으로 우리 스마트폰이 공개된 와이파이에 접속한다면, 다른 사람들도 사용할 수 있다는 말입니다. 이 말은 다른 사람들이 인터넷 사용을 모니터링이 할 수 있다는 것입니다. 그래서 사용하지 않을 때는 와이파이나 블루투스와 같은 네트워크는 될 수 있으면 사용하지 않도록 설정하는 것이 좋습니다.

4) 응용 프로그램(또는 앱)

스마트폰 제조업체에서 운영하는 앱 마켓에 가면 너무 많은 종류의 앱App이 있지만, 필요한 앱만 설치하는 것이 좋습니다. 많은 앱을 설치한 만큼, 스마트폰의 취약점은 더 높아지는 것으로 이해하면 됩니다. 그리고 앱은 반드시 신뢰하는 곳에서만 다운로드해야 합니다. 공격자는 악성 앱을 합법적인 것처럼 보이게 만들어서 스마트폰을 감염시킵니다. 그리고 새로운 앱이 나왔다고 해서 서둘러 설치하지 말고, 외부의 평가를 보고 설치해도 늦지 않습니다.

5) 업데이트

일반 컴퓨터와 마찬가지로, 스마트폰 운영체제와 스마트폰에 설치된 앱을 항상 최신의 상태로 유지해야 합니다. 그렇게 하면 알려진 위협으로부터 스마트폰을 보호할 수 있습니다.

6) 문서 확인

앱을 설치하기 전에 서비스에 대한 문서와 조건을 읽어보는 것이 안전합니다. 어떤 앱을 다운로드하여 이용하기 위해서는, 개발업체에 개인의 정보와 기기정보 및 위치정보 등을 수집, 이용 및 판매할 수 있는 권한을 주는 경우가 종종 있습니다.

7) 스마트폰 분실 예방

스마트폰은 이동성 때문에 분실 위험이 높습니다. 분실에 대비해서 스마트폰 뒷면에 이름, 이메일, 통화가 가능한 다른 전화번호를 붙여놓는 것이 좋습니다. 이렇게 해놓으면 분실하거나 공항의 검색대를 통과할 때도 쉽게 찾을 수 있습니다. 또한, 많은 스마트폰이 위치 확인 서비스를 제공하며, 스마트폰 기기의 GPS에 쿼리를 전송하여 지리적 위치를 알려줍니다.

그리고 스마트폰을 분실하여 찾지 못하는 최악의 경우를 대비해서 스마트폰에 저장된 전화번호 목록 등 중요한 데이터는 백업해놓는 것이 안전합니다. 그러면 나중에 분실해도 데이터를 다시 복구할 수 있습니다.

8) 원격 와이핑[2]

원격 와이핑wiping을 이용하면, 스마트폰 분실 시 정보가 악용되기 전에 스마트폰의 모든 것을 지워 버릴 수 있습니다. 와이핑 명령어는 네트워크에 연결해야만, 사용할

---

2) 데이터를 완전히 삭제하는 기능

수 있습니다.

9) 데이터 삭제

스마트폰을 교체하거나 버릴 때는 스마트폰에 있는 연락처, 사진, 문서 등 모든 정보를 삭제해야 합니다. 각 스마트폰에는 모든 콘텐츠를 지울 수 있는 기능이 있습니다.

10) 직장에서

개인 용도의 스마트폰을 이용해서 직장 이메일이나 업무 관련 온라인 서비스를 이용해야 할 때는 회사의 정책 또는 가이드라인을 먼저 확인하기 바랍니다.

▶▶▶ 보안 팁

태블릿 컴퓨터를 안전하게 사용하는 가장 좋은 방법은 강력한 패스워드로 스크린 잠금, 최신의 운영체제 실행, 프라이버시 및 클라우드 기능 사용 시 유의하는 것입니다.

windows-tablet-ipad-android
이미지 출처 : https://www.abilitynet.org.uk/factsheets/tablet-computers

2010년 1월 샌프란시스코의 야르바부에나 아트센터에서 정식으로 아이패드가 공개되어 출시된 후 개인용 컴퓨터에 일대 혁신이 일어났습니다. 아이패드 출시 후 국내 삼성, LG를 포함하여 많은 글로벌업체에서 태블릿 PC를 출시하고 있습니다. 지금은 태블릿 PC가 일반 노트북 PC 판매량을 훨씬 뛰어넘고 있어 모바일 형태의 태블릿이 일상생활이 되고 있습니다.

그래서 최근 졸업, 입학 선물로 자녀들에게 태블릿 PC를 선물하는 경우가 많습니다. 태블릿은 사람 간의 소통, 온라인 쇼핑, 음악 청취, 게임 등 다양한 활동을 할 수 있는 강력하고 편리한 기술입니다. 태블릿은 우리의 일상생활에서 중요한 역할을 하므로 이것을 안전하게 사용하기 위한 몇 가지 단계를 밟아야 합니다.

태블릿 보안 설정

태블릿 PC를 안전하게 사용하기 위한 첫 번째 단계는 누구나 태블릿 PC에 접근하는 것을 예방하기 위해 스크린 잠금 패스워드를 설정하는 것입니다. 태블릿은 휴대하기 편리한 만큼 잃어버리거나 분실하기 쉽습니다. 분실 시 나쁜 사람들의 손에 정보가 넘어가는 것을 방지하기 위해 추측하기 어려운 PIN, 패스워드 또는 패턴으로 태블릿 스크린을 잠가야 합니다. 신형 태블릿에는 지문 인식기와 같은 생체 인증 형태도 있습니다. 태블릿에서 지원하는 가장 강력한 방법을 사용하고, 단시간 동안 사용하지 않는 경우 자동 잠금 기능이 활성화되도록 설정해야 합니다.

다음은 가장 최신의 운영체제로 업데이트해야 합니다. 나쁜 사람들은 지속해서 소프트웨어에 새로운 취약점을 찾고 있습니다. 그리고 제조사는 지속해서 취약점을 수정하기 위해 새로운 업데이트 및 패치를 발표합니다. 최신의 운영체제가 실행되고 있으면, 태블릿을 해킹하는 것이 더 어렵게 됩니다.

tablet-privacy

이미지 출처 : http://www.tecniquo.com/phones-tablets/set-up

처음 태블릿의 보안 설정 시 주의해야 합니다. 가장 중요한 설정은 프라이버시와 클라우드 기능입니다. 프라이버시는 정보를 보호하는 것입니다. 태블릿에 있는 가장 큰 프라이버시 문제는 위치정보를 추적하는 것입니다. 그래서 먼저 프라이버시 기능으로 가서 위치추적 기능을 모두 비활성화합니다. 그리고 난 후 필요한 앱에 대해서만, 위치추적 기능을 활성화하기 바랍니다. (지도나 레스토랑을 찾는) 일부 앱은 위치를 추적하는 것이 있습니다. 하지만 대부분 앱은 실시간 위치정보가 필요하지 않습니다.

다른 중요한 기능은 클라우드 저장소입니다. 애플의 아이클라우드, 마이크로소프트사의 스카이드라이브, 드롭박스 또는 구글 드라이브와 같은 클라우드 서비스는 인터넷을 통해 서버에 우리의 데이터를 저장할 수 있습니다. 대부분 태블릿은 클라우드에 문서, 그림 및 비디오와 같은 모든 것을 자동으로 저장할 수 있습니다. 데이터 민감도를 생각하여 클라우드에 저장하는 것이 적절한지를 결정하기 바랍니다. 우리의 데이터를 어떻게 보호해야 하는지 (패스워드와 같은 방법으로) 그 데이터에 접근할 수 있는 사람을 통제하는 방법에 대해서 이해하기 바랍니다. 마지막으로 인터넷에 게시되는 개인적인 사진에는 우리가 모르는 사이에 위치정보가 포함되어 있습니다.

태블릿은 스마트폰 또는 노트북과 같이 다른 기기의 앱과 점점 더 동기화되고 있습니다. 구글 크롬, 윈도 8에서는 동기화 기능이 기본 기능이며, 동기화 기능은 아이클라우드에서 가장 많이 사용되는 기능 중 하나입니다. 기기 동기화는 굉장한 기능이지만, 이 기능을 사용하는 경우 태블릿 브라우저에서 방문하는 사이트 및 만들어 놓은 탭들이 사무실에 있는 브라우저에서도 그대로 나타납니다.

일단 태블릿의 보안 설정을 하였다면, 안전한 상태를 유지해야 합니다. 여기에 태블릿을 안전하게 사용하기 위해 몇 가지 단계가 있습니다.

- 최신 버전의 태블릿 운영체제 및 앱이 실행되도록 관리합니다. 많은 태블릿은 자동으로 앱과 기능을 업그레이드합니다.

- 태블릿에 탈옥하거나 해킹하지 마십시오. 그러지 않으면, 많은 보안 기능이 우회되고 무력화되어 공격에 취약해지는 것입니다.

- 믿을 수 있는 앱 마켓에서 필요한 앱만, 다운로드하기 바랍니다. 아이패드의 경우 아이튠즈에서만, 다운로드할 수 있습니다. 앱이 마켓에 공개되기 전에 애플에서 검증합니다. 구글의 경우 구글 플레이에서만 앱을 다운로드하기를 권고합니다. 다른 사이트에서 앱을 다운로드할 수 있지만, 이러한 앱은 검증되지 않은 것이며, 악성 코드가 포함되어 있을 수 있습니다. 마지막으로 앱을 어디서 다운로드했든 상관없이

앱이 더는 필요 없거나 사용하지 않는다면, 태블릿에서 삭제하기 바랍니다.

- 새로운 앱 설치 시에는 새로운 태블릿을 설정할 때 한 것처럼 프라이버시 옵션을 설정하기 바랍니다. 앱이 어떤 정보에 접근할 수 있도록 할지, 앱이 그 정보로 어떤 일을 할지에 대해 관심을 가져야 합니다. 예를 들어 다운로드한 앱이 정말 모든 연락처에 접근할 필요가 있는가?

- 태블릿 분실에 대비해서 원격으로 추적, 잠금 또는 삭제할 수 있는 소프트웨어를 설치하여 구성하기 바랍니다.

▶▶▶ 보안 팁

모바일 기기를 안전하게 유지하는 핵심은 믿을 수 있고 안전한 곳에서 앱(App)을 다운로드하여 설치하고, 최신으로 업데이트하는 것입니다.

모바일 앱에서 앱App이란 응용 프로그램Application을 줄인 말로, 일반적으로 모바일 단말기에 추가로 설치되는 프로그램을 말합니다. 스마트폰뿐만 아니라, 아이패드, 갤럭시 탭 등 태블릿 PC 모바일 기기는 개인적인 생활과 직장에서 사용할 수 있는 중요한 도구가 되었습니다. 모바일 기기가 편리하고 중요한 이유는 아마 수천 개의 앱을 다양한 용도로 선택하여 사용할 수 있기 때문일 것입니다. 하지만 앱은 강력한 파워와 유연성을 가지고 있지만, 우리가 인식해야 할 위험도 같이 존재합니다. 이번 절에서는 모바일 기기 앱의 위험과 앱을 설치, 사용 및 안전하게 유지하는 방법을 설명합니다.

앱 다운로드

앱을 안전하게 이용하기 위한 첫 번째 단계는 안전하고, 믿을 수 있는 곳에서 다운로드해야 합니다. 사이버 범죄자는 바이러스 또는 악성코드에 감염된 악성 앱을 만들어 진짜처럼 보이게 할 수 있습니다. 만약에 이러한 앱을 모른 채 설치하면, 사이버 범죄자는 우리의 모바일 기기를 통제할 수 있습니다. 따라서 유명하고 믿을 수 있는 곳에서 앱을 다운로드하는 것이 중요합니다. 하지만 유명한 온라인 앱 시장에서조차 악성 앱이 존재할 수 있습니다. 특히 안드로이드 앱 시장은 엄격하게 통제하지 않기 때문에 더욱 그렇습니다. 위험을 줄이기 위해서는 새로운 앱이나 사람들이 많이 다운로드하지 않는 것, 평가가 거의 없는 것은 피하는 것이 좋습니다. 앱이 오랫동안 사용되고 있는 것, 긍정적인 평가가 많은 것이 상대적으로 더 믿을 수 있는 앱입니다. 그리고 필요한 앱만 설치하기 바랍니다. 필요하지 않은 앱에는 새로운 취약점이 생길 수 있으니, 잘 사용하지 않는 앱은 모바일 기기에서 삭제하는 것이 좋습니다.

모바일 앱
이미지 출처 : http://www.itworld.co.kr/print/79959

추가로 모바일 기기를 해킹하고 승인되지 않은 앱을 설치하거나 기존의 기능을 변경하는 등의 "감옥탈출" 또는 "루트" 권한을 획득하고 싶을 수 있습니다. 하지만 "감옥탈출"은 단말기에서 제공하는 많은 보안 기능을 우회하거나 삭제할 뿐만 아니라, 품질 보증을 받지 못할 수 있고 계약사항을 지키지 못할 수 있으므로 하지 않는 것이 좋습니다.

앱 설정 및 사용

일단 믿을 수 있는 곳에서 앱을 다운로드하여 설치하면, 다음 단계는 안전하게 설정하고, 프라이버시를 보호해야 합니다. 어떤 앱을 설치하고 설정하기 위해서는 특정한 권한과 허가권을 부여해야 합니다. 기기에 따라서 앱 승인 전에 알려줍니다. 앱에 어떤 접근권한을 승인하기 전에 항상 앱이 요청한 권한이 필요한 것인가를 생각하기 바랍니다. 예를 들어 어떤 앱은 지리적 위치 서비스를 사용합니다. 만약에 앱이 우리의 위치를 알고 있다면, 앱을 만든 사람이 우리의 움직임을 추적할 수 있게 된다는 것을 의미합니다. 추가로 우리의 위치를 공개하면, 누구나 우리가 지금 어디에 있는지, 그리고 어디에 있었는지 알게 됩니다. 앱이 요청하는 권한이 마음에 들지 않으면, 우리의 요건과 더 잘 맞는 다른 앱을 찾는 것도 방법입니다.

민감한 정보를 요청하고, 저장하는 앱을 사용할 때는 주의를 해야 합니다. 앱이 합법적인 것이라고 해도, 기기에 정보가 저장되어 있거나 인터넷으로 전송할 때 개발자들이 우리의 정보를 보호하기 위한 괜찮은 코딩 표준을 지켰는지 보장할 수 없습니다. 민감한 정보를 하나로 통합하는 앱은 매우 편리하지만, 사이버 범죄자의 공격대상이 될 수 있습니다. 자세한 앱 설명서와 다른 사용자들의 검토 의견을 잘 읽어보고 보안 이슈가 있는지 살펴봐야 합니다.

앱 업데이트

컴퓨터 및 모바일 기기 운영체제와 같이 앱은 최신의 상태를 유지하기 위해 업데이트해야 합니다. 공격자들은 끊임없이 앱의 약점을 찾고 있으며, 이러한 취약점을 악용하는 공격방법을 계속해서 개발하고 있습니다. 앱을 개발한 개발자는 취약점을 패치하고 기기를 보호하기 위해 업데이트를 개발하여 배포합니다. 더 자주 업데이트를 설치할수록 더 안전해집니다. 적어도 한 달에 한 번은 앱 스토어에 가서 업데이트하기를 권고합니다.

앱 구매

많은 앱이 추가 기능, 새로운 콘텐츠 또는 광고가 없는 유료 앱을 구매할 수 있도록 하고 있습니다. 일부 사람은 다음에 앱을 편리하게 구매하기 위해서 앱 스토어 인증정보를 저장하는 실수를 많이 합니다. 앱 스토어 인증정보, 로그인정보 또는 결재정보를 모바일 기기에 저장하지 않는 것이 좋습니다. 이 방법은 편리할 수 있지만, 기기가 원격으로 해킹당하거나, 기기에 다른 사람이 접근하면 저장된 정보가 잘못 사용될 수 있습니다.

결론

앱 보안을 위해서 공개된 모범 사례를 따르는 것이 안전합니다. 상대적으로 모바일 기기 및 앱은 새로운 것이고 급속히 성장하고 있습니다. 현재 직면한 문제 중 하나는 우리 자신과 앱을 보호할 수 있는 완벽한 보안 소프트웨어가 거의 없다는 점입니다. 그러므로 우리 자신이 우리의 모바일 기기의 가장 좋은 방어책입니다.

▶▶▶ 보안 팁

간단한 사전 조처를 하면, 모바일 기기를 분실하는 경우에도 우리
자신을 보호할 수 있습니다.

개요

스마트폰 등 모바일 기기를 이용하면 통화뿐만 아니라,
다양한 정보를 얻고 공유하는데 사용할 수 있습니다. 그
결과 이메일, 사진, 동영상, 문자, 음성메일, 캘린더 일정,
위치 등 민감 정보가 모바
일 기기에 포함되어 있습니
다. 모바일 기기를 분실 및
도난당하거나, 휴대폰에 물
리적으로 접근할 수 있으
면, 잠재적으로 모든 정보
에 접근할 수 있고 연락처
에 있는 사람들과 조직을
심각한 위험에 노출시킬 수
있습니다. 이번 절에서는 모
바일 기기를 분실하거나 도

내 디바이스

난당했을 경우 정보를 보호하기 위해 해야 할 조치를 논의합니다.

유의사항 여기에서는 대부분 개인 기기에 적용되는 사항이며, 만약 회사에 의해 지급되고 승인되거나 회사 데이터를 저장하고 있는 모바일 기기라면, 모바일 기기 보증 및 분실 또는 도난 보고에 대한 회사 정책을 따르도록 합니다.

예방 조치

정보를 지킬 수 있는 가장 효과적인 방법의 하나는 분실되기 전에 안전성을 확보하는 것입니다. 이를 위해 먼저 실천하기 위한 것들로 PIN, 패스워드 또는 패턴 잠금 등이 있으며, 이러한 조치를 활용하면, 모바일 단말기에 인가된 사용자만이 정보에 접근하고 사용할 수 있습니다.

- PIN: PIN^{Personal Identification Number}은 모바일 기기에 접근하기 위해 입력하는 숫자입니다.

- 패스워드: 모바일 기기 패스워드도 컴퓨터나 온라인 계정의 패스워드와 같은 방식으로 적용됩니다. 패스

워드는 대부분 스마트폰에서 사용할 수 있는 옵션으로 강력한 패스워드는 PIN보다 더 안전합니다.

- 패턴 잠금: 패턴 잠금은 기기 화면에 그리게 되는 유일한 패턴입니다.

모바일 기기가 나쁜 사람의 손에 넘어간 후, 접근 시 보호될 수 있도록 일정 수의 접속시도가 있고 난 뒤에는 기기 내 정보가 삭제되는 옵션을 사용할 수 있습니다. 그러나 이 기능을 사용한다면, 호기심 많은 아이가 이 기능을 사용할 수 있으므로 유의해야 합니다. 선택한 인증방법에 상관없이 PIN, 패스워드 또는 잠금 패턴을 다른 사람들과 공유해서는 안 되며, 사람들이 추측하기 어려운 것인지 확인해야 합니다.

- 원격 추적 및 와이핑: 대부분의 모바일 기기는 분실된 기기의 위치를 원격 추적하고, 원격으로 정보를 삭제할 수 있는 소프트웨어를 지원합니다. 기기를 소지하고 있을 때 이를 위해 특별한 소프트웨어를 설치하고 설정해야 할 수도 있습니다. 아이폰과 아이패드는 "내 아이폰 찾기"라는 이름의 기능이 있으며, 애플 ID를

사용하면 활성화됩니다. 삼성 갤럭시는 "내 디바이스 찾기" 서비스를 제공하고 있습니다. LG 스마트폰도 "Linkin cloud" 앱을 설치하면 자신의 휴대폰 위치를 찾을 수 있습니다.

내 아이폰 찾기

- 암호화: 누군가 모바일 기기에 물리적으로 접근한다면, 지능화된 기술을 사용할 수 있고, 패스워드와 PIN을 우회하여 저장된 데이터에 접근할 수 있습니다. 암호화는 이러한 지능적인 공격들로부터 데이터를 보호할 수 있습니다. 어떤 모바일 기기는 암호화

기능이 내장되어 있지만, 일부 기기는 기능을 설정하거나 암호화 소프트웨어를 설치해야 이용할 수 있습니다. 아이폰과 아이패드는 자동으로 활성화되는 하드웨어 암호화 내장 기능을 제공합니다. 패스워드가 없이도 데이터는 보호됩니다. 삼성의 갤럭시는 "디바이스 암호화" 기능이 있으며, 사용자가 설정해야 사용할 수 있습니다. 기기에 있는 앱, 데이터, 사진 등을 모두 암호화가 가능합니다. LG의 스마트 기기에도 데이터 암호 기능을 지원하며, 사용자가 설정하면 이용할 수 있습니다.

- 백업: 백업을 하면 기기가 분실 또는 도난당했을 때, 신속히 데이터를 복구시킬 수 있습니다. 백업은 정기적으로 수행해야 하며 아래의 방법들을 이용할 수 있다.
  ① 컴퓨터에 직접 백업
  ② 모든 아이폰, 아이패드 및 아이팟 사용자들에게 아이클라우드 무료 백업 서비스를 제공합니다. 사용자들은 연락처, 이메일, 캘린더, 사진, 음악 및 그 외 다른 파일들을 아이클라우드 계정에 백업할 수 있습니다.

③ 구글 클라우드는 안드로이드 기기의 무료 백업 서비스입니다. 구글 클라우드의 기능은 아이클라우드와 유사합니다.

④ 삼성, LG 등 스마트폰 제조사들도 자체 백업 서비스를 제공합니다.

분실 또는 도난 후 조치

모바일 기기가 분실되거나 도난당했을 때 정보를 보호하기 위해서 아래 사항을 조치하기 바랍니다.

- 분실한 기기가 회사 소유이거나 회사 관련 데이터가 포함되어 있다면, 회사의 해당 부서 또는 보안팀으로 즉시 분실신고를 하고 회사의 지시를 따릅니다.

- 만약 모바일 기기에 추적 소프트웨어를 설치했다면, 데이터를 삭제할 수 있습니다. 기기 자체를 삭제해 버리면, 기기의 모든 정보가 삭제되고 데이터 접근 위험이 사라집니다. 기기를 도난당했다면, 기기 삭제 전에 경찰서에 신고해서 기기에 위치 추적을 설정했다고 알리는 것이 좋습니다. 도난당했다면, 혼자서 기기를 복구하지 않는 것이 좋습니다.

- 통신사 및 스마트폰 공급자에게 연락해서 모바일 기

기가 분실 또는 도난당했다고 알려줍니다. 그러면 회사에서 스마트폰 번호에 잠금을 걸 수 있으며, 교체하기 전까지 누구도 기기를 이용해서 전화를 걸 수 없게 할 수 있습니다.

- 기기를 교체했다면, 백업한 정보를 다시 복구할 수 있습니다.

4.5 　모바일 기기 폐기방법

▶▶▶ 보안 팁

사용했던 단말기에는 우리가 생각하는 것 이상으로 엄청나게 많은 양의 정보가 저장되어 있습니다. 단말기를 폐기할 때 저장된 데이터를 안전하게 처리하지 않으면, 그 정보가 쉽게 복구될 수 있고 본인 및 조직을 위협할 수 있습니다.

우리나라 사용자의 단말기 평균 교체 기간은 미국, 영국 다음으로 짧은 것으로 나타났습니다. 국내의 경우 평균 24개월에 한 번씩 단말기를 교체하였으나, 최근 스마트폰, 태블릿 같은 모바일 기기가 엄청난 속도로 발달, 변화하고 있어 사용자들의 교체주기도 더 빠르게 기간을 단축하고 있는 추세입니다. 결과적으로 많은 사용자가 18개월에 한 번씩 모바일 기기를 교체하고 있습니다.

여기서 생기는 중요한 문제가 바로 "사용한 단말기를 어떻게 처리해야 하는가?"입니다. 많은 사용자가, 사용한 단말기에 저장된 정보에 대해서 중요하게 여기지 않고 폐기하고 있습니다. 이번 절에서는 스마트폰 등 모바일 기기를 폐기할 때의 유의사항에 대해서 살펴봅니다.

저장된 정보

최근에 컴퓨터보다 모바일 단말기에 더 민감한 정보가 많이 저장되어 있으며, 보통 다음과 같은 정보가 모바일 기기에 저장되어 있습니다.

- 가족, 친구, 직장 동료 등의 연락처
- 전화 수발신 내역
- 문자 메시지, SNS 사용 기록
- GPS에 기반을 둔 위치 내역 또는 기지국 내역
- 웹 브라우징 내역, 쿠키 및 캐시된 페이지
- 사진, 비디오, 오디오 녹음 및 이메일
- 패스워드, 음성 메일과 같은 개인 계정에 접근 가능한 정보

단말기 와이핑[3]

모바일 단말기를 안전하게 와이핑하기 전에 사진, 비디오 및 다른 정보를 저장했는지 확인해야 합니다. 와이핑은 데이터를 복구할 수 없기 때문입니다. 혹시 모바일 단말기를 회사에서 사용하여 회사정보가 저장되어 있다면,

---

[3] 와이핑(Wiping)은 저장 매체에 기록된 데이터를 복구할 수 없도록 완전 삭제하는 것을 말한다.

와이핑하기 전에 백업 및 폐기절차에 대해서 회사에 문의
하기 바랍니다.

재설정-초기화

와이핑하지 않고 단순히 데이터를 삭제하는 것은 다시
복구될 수 있습니다. 따라서 처음 구매 당시의 초기 상태
로 돌아가기 위해 모든 데이터를 제거할 수 있는 "공장 초
기화factory reset" 기능을 사용하기 바랍니다. 공장 초기화는
단말기의 데이터를 삭제하는 가장 안전한 방법입니다.

만약에 공장 초기화를 실행하는데 문의사항이 있으면,
단말기 매뉴얼이나 제조사 웹사이트에서 확인하면 됩니

다. 다른 방법으로는 단말기를 대리점에 가져가서 전문가가 직접 단말기를 재설정하는 것입니다.

단말기에서 정보를 단순하게 삭제하는 것은 안전하지 않습니다. 왜냐하면, 단순히 삭제된 정보는 다시 복구될 수 있다는 점을 명심해야 합니다.

SIM 카드

모바일 단말기에 저장된 데이터 이외에 SIM 카드도 안전하게 폐기해야 합니다. 대부분의 모바일 단말기는 네트워크에서 전화를 걸거나 받을 때 유일한 정보를 식별하기 위해 SIM 카드를 사용합니다. 이러한 SIM 카드는 단말기를 공장 초기화하였더라도 사용자 계정에 대한 정보를 유지하고 있습니다. 만약 휴대폰 번호는 그대로 유지하고 단말기만 새것으로 교체한다면, 기존의 SIM 카드를 새 휴대폰에 사용할지를 담당 직원에게 문의해보기 바랍니다. 혹시, 새 휴대폰이 사이즈가 다른 SIM 카드를 사용한다거나 해서 기존 SIM 카드 사용이 불가능하다면, SIM 카드를 잘 챙겨서 다른 사람이 재사용하지 못하게 잘게 조각내서 완전히 폐기해야 합니다.

외장형 저장 카드

일부 모바일 단말기는 보조 저장 공간을 위해 외장형 SD 카드를 활용합니다. 이러한 카드는 때로는 사진, 스마트폰 응용 프로그램 및 다른 민감한 내용이 저장되어 있습니다. 휴대폰을 처분하기 전에 모든 외장형 카드를 반드시 제거해야 합니다(어떤 기기는 SD 카드가 휴대폰의 배터리 부분에 숨겨져 있을 수 있습니다). 이러한 카드는 간혹 새 모바일 단말기에 재사용되거나 USB 어댑터로 컴퓨터 일반 저장 공간으로 사용될 수 있습니다. SD 카드 재사용이 안 된다면, 앞서 말한 SIM 카드처럼 완전하게 폐기해야 합니다.

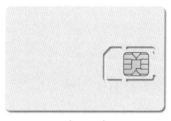

sim_card

대안

사용한 모바일 단말기를 폐기할 때, 버리는 대신에 재활용하는 것을 고려해보기 바랍니다. 통신사는 재활용하는 사용자에게 혜택을 제공하는 경우가 많습니다.

05

가정에서 안전한 인터넷 사용방법

거의 모든 가정에는 최소한 한 개 이상의 유·무선 공유기를 이용해서 스마트폰, 게임 콘솔, 태블릿 및 노트북 컴퓨터 등의 기기를 이용해서 가족들이 인터넷에 접속하고 있습니다. 가정에서는 자녀들이 인터넷을 이용해서 온라인 게임, 동영상 시청, SNS 활동을 하는 주요 공간이기도 합니다. 하지만 많은 가정에서 와이파이 네트워크가 안전하지 않게 사용되고 있어, 이웃집 사람이나, 모르는 사람들이 우리 집의 네트워크에 접근하거나 인터넷 연결을 공격할 수 있습니다. 또한, 자녀들에게 인터넷 안전에 대한 교육이 없는 경우, 악성코드 감염, SNS 오용을 통해 가족의 구성원이 사이버 범죄의 대상이 될 수 있습니다.

5장에서는 가정에서 안전하게 인터넷을 사용하기 위한 홈 네트워크 설정 시 주의 사항과 가정에서 자녀들이 안전하게 인터넷을 사용할 수 있는 가이드를 소개합니다.

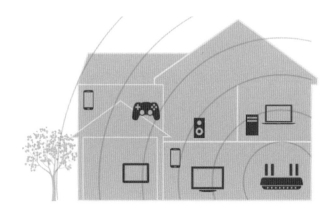

▶▶▶ 보안 팁

가정에서 와이파이를 안전하게 사용하기 위해서는 반드시 관리자만 접근할 수 있도록 암호화 통신을 설정해야 합니다. 그리고 네트워크 접속 시 인증절차를 거치도록 해야 합니다.

　가정에는 PC, 스마트폰의 인터넷 접속을 위해 최소한 한 개 이상의 유선 또는 무선 공유기를 가지고 있을 것입니다. 가정에서도 와이파이 네트워크는 간단히 구성할 수 있어 많은 사람이 집에서 와이파이 네트워크를 사용하고 있습니다. 무선 공유기가 바로 우리가 알고 있는 와이파이 네트워크 (또는 기술적인 용어로 802.11이라고 함.)를 사용하는 것이며, 가정에서는 무선으로 인터넷에 접속하여, 스마트폰, 게임 콘솔, 태블릿 및 노트북 컴퓨터 등의 기기를 이용하고 있습니다.

　그러나 많은 가정에서 와이파이 네트워크가 안전하지 않게 사용되고 있어, 이웃집 사람이나, 모르는 사람들이 우리 집의 네트워크에 접근하거나 인터넷 연결을 공격할 수 있습니다. 이번 절에서는 가정의 와이파이 네트워크를 안전하게 구성했는지 확인하고, 안전하게 구성하는 방법을 소개합니다.

wifi-security-encrytion-protocol
이미지 출처 : http://osxdaily.com/2014/03/24/see-wi-fi-security-encryption-type-mac/

안전한 관리방안

와이파이 네트워크는 와이파이 접근 포인트AP라는 것
에 의해서 관리가 되고 있습니다. AP는 여러 가지 장비를
인터넷에 무선으로 접속할 수 있게 하는 물리적인 장비를
말합니다. AP 장비는 인터넷 쇼핑몰, 마트 같은 곳에서
구매할 수 있으며, 가정에서 무선 공유기로 사용됩니다.
와이파이를 안전하게 하는 첫 번째 단계는 와이파이 AP
를 관리하는 사람을 제한하고, 접속하는 방법을 제한하는
것입니다. 그리고 와이파이 AP를 처음 설정할 때 다음의
단계를 지켜야 합니다.

1) 대부분의 와이파이 AP는 처음 제조사가 설정한 기본 관리자 ID와 패스워드가 있습니다. 하지만 AP의 기본 계정 ID와 패스워드는 제조사 홈페이지 또는 인터넷 검색을 통해서 쉽게 찾을 수 있습니다. 그래서 구매할 때 제공하는 기본 관리자 ID와 패스워드를 반드시 본인만 알 수 있는 것으로 바로 변경해야 합니다.

2) 와이파이 AP에 관리자로 접근할 때, 무선으로 접근하는 대신, 유선 랜 케이블로 연결된 물리적인 네트워크로 접속하는 것이 안전합니다. 만약에 반드시 무선으로 관리자 접근이 필요하다면, 최소한 HTTP로 접근하지 말고, 암호화를 지원하는 HTTPS로 접근하도록 하거나, AP 관리자로 접근할 수 있는 컴퓨터를 제한해야 합니다.

와이파이 네트워크 이름 정하기

다음 단계는 와이파이 이름을 정하는 것입니다(SSID라고 합니다). SSID는 사람들이 와이파이 네트워크를 찾을 때 보이는 장비의 이름입니다. 무선 라우터를 사면 기본적으로 회사명으로 설정된 경우가 많은데, 기본적으로 설정된 와이파이 네트워크명을 변경하기 바랍니다. 본인이 알 수 있는 유일한 이름으로 새로 만들어서 쉽게 찾을 수 있도록 합니다(하지만 정보가 포함되지 않게 해야 함). 와이파이 네트워크 이름을 보이지 않게(또는 브로드캐스트 하지 않게)하는 방법도 있지만, 크게 효과가 없습니다. 최근에 와이파이 검색 도구를 이용하거나 실력 있는 공격자는 숨겨진 네트워크 상세정보를 쉽게 찾을 수 있기 때문입니다. 와이파이 네트워크 이름이 보이게 하되, 다음과 같이 안전하게 이용하는 것이 좋습니다.

암호화 및 인증

이 단계는 알고 있는 사람이나 믿을 수 있는 사람만 와이파이 네트워크에 접속하여 사용할 수 있게 하고, 연결을 암호화하는 것입니다. 이웃집 사람이나 근처 모르는 사람들이 와이파이 네트워크에 접속하거나 모니터링하지 못하게 해야 합니다. 와이파이 AP에 강력한 보안을 적용하면, 이러한 위험을 줄일 수 있습니다.

최근 가장 좋은 방법의 하나가 WPA2 보안 메커니즘을 사용하는 것입니다. 이것을 적용하면 와이파이 네트워크에 접속하는 사람들이 패스워드를 입력하도록 합니다. 그리고 일단 인증되면 인증된 연결은 암호화됩니다. WEP 기술도 있는 데, 이 기술은 보안이 전혀 되지 않으므로 사용하지 않는 것이 좋습니다. 이러한 기술은 공개 와이파이 네트워크라고 합니다. 공개 네트워크는 인증 없이 누구나 와이파이에 접근할 수 있습니다. WPA2를 사용할 경우, AES만 사용하든지 아니면, TKIP 또는 TKIP+AES를 선택하기 바랍니다.

와이파이 네트워크에 접속하기 위해 사용하는 패스워드를 만들 때는 관리자 패스워드와 다른 것을 사용하고, 쉽게 추측되지 않는 것으로 만드는 것이 좋습니다. 그리고 적어도 20자 길이로 할 것을 권고합니다. 이것은 엄청 긴 것처럼 보이지만, 컴퓨터 장비를 통해 와이파이에 접근할 때 한 번만 입력하여 다음 접속 때 기억하게 하면 불편하지 않습니다. 와이파이 AP가 물리적으로 안전한 위치에 있고, 가정에서 관리하는 어른들만 접근한다면, 사용자 패스워드를 쉽게 기억하기 위해 와이파이 AP 아래에 붙여 놓는 것도 좋은 방법입니다. 패스워드를 알고 있는 사람은 누구나 와이파이에 접속할 수 있으므로, 가끔 패스워드를 변경해야 합니다.

마지막으로 WPS(Wi-Fi 보호 구성)를 사용하지 않는 것이 좋습니다. WPS는 원래 와이파이 AP를 안전하게 구성하는 절차를 쉽게 하려고 설계된 것이지만, WPS가 동작하는 상태에서 새로운 취약점이 발견된다면, 공격자가 무선 네트워크에 완전하게 접근할 수 있습니다.

OpenDNS

일단 와이파이 연결이 구성되면, 마지막 단계는 DNS 서버를 설정하는 것입니다. 이때 인터넷업체에서 제공하는 DNS 주소를 입력하거나, OpenDNS를 사용할 것을 권고합니다. DNS란, 브라우저에서 주소(도메인명)를 입력하면, DNS는 브라우저가 인터넷에 연결해야 할 실제 서버 주소(IP 주소)를 알려주는 것입니다. OpenDNS는 무료이며, 안전하게 웹사이트를 연결하는 것을 지원합니다. OpenDNS는 피싱 사이트를 차단해주는 기능과 도메인 이름에 오타를 쳤을 때 교정해주는 기능이 있습니다.

무료로 OpenDNS 서비스를 이용하는 방법은 네트워크 설정에서 DNS 서버 설정을 OpenDNS에서 제공하는 DNS 서버를 다음의 주소로 설정하면 됩니다.

208.67.222.222 (resolver1.opendns.com)
208.67.220.220 (resolver2.opendns.com)

5.2   자녀들이 안전하게 인터넷 사용하기

▶▶▶ 보안 팁

자녀들이 안전하게 인터넷을 사용하기 위해서는 제일 먼저 자녀들이 부딪힐 수 있는 위험에 대해서 교육하고, 자녀들에게 이야기 해주기 바랍니다.

부모는 자신의 아이들에게 최신의 기술과 지식 등을 포함해서 최고로 좋은 것만 주기를 원합니다. 컴퓨터, 스마트폰 및 인터넷도 그중 하나일 것입니다. 오늘날 우리 아이들은 전 세계적인 최신 기술을 이해하고 활용하여 자신들의 교육 및 경쟁력을 키우고, 활발한 사회생활을 개발, 유지할 필요가 있습니다. 하지만 인터넷과 같은 최신의 기술을 활용하는 데에는 순기능과 함께 위험도 따르기 마련입니다.

안타깝게도 우리 아이들은 위험을 인식하지 못하거나 대응할 준비가 되어 있지 않은 경우가 많습니다. 아이들에게 이러한 위험을 이해시키고 자신을 보호하는 방법을 알려주는 것이 부모의 역할입니다. 이번 절에서는 우리 자녀들을 위협하는 위험에는 어떤 것들이 있으며, 아이들이 안전하게 인터넷을 사용할 수 있는 방법을 설명하고자 합니다.

주요 위협 3가지

자녀들을 보호하기 위해서는 먼저 아이들이 직면하고 있는 온라인상의 위험을 이해해야 합니다. 아이들뿐만 아니라 부모들도 이러한 위험을 이해하고 있어야만, 온라인상의 위험으로부터 자녀를 잘 지킬 수 있습니다.

1) 낯선 사람: 오프라인에서도 아이들에게 접근하는 낯선 사람이 위험하듯이, 온라인에서도 낯선 사람은 부모님들이 생각할 수 있는 일반적인 위협 중 하나입니다. 낯선 사람이란, 우리 자녀들을 이용하기 위하여 아이들과 관계를 맺는 사람입니다. 이러한 사람들은 친구인 척하거나 동갑내기인 척 또는 뭔가를 도와주려는 척하는 경우가 있습니다.

2) 친구: 오프라인과 마찬가지로 인터넷에서 사이버 왕따 문제가 증가하고 있지만, 부모들은 이 문제를 과소평가할 수 있습니다. 왕따는 항상 존재해왔으나, 인터넷에는 이 문제가 오히려 더 심각할 수 있습니다. 왜냐하면, 오프라인과 달리 온라인의 왕따는 거리와 시간을 초월하며, 어른들이 그 사실을 파악하기가 더 힘든 경우가 많습니다. 친구들이 자녀를 괴롭히는 메시지를 인터넷 및 SNS에 게시할 수 있고, 심지어 온라인상 자녀 신분을 강탈할 수도 있습니다. 게다가 인터넷, SNS에서는 익명으로 할 수 있으므로 추적하거나 무마하는 것이 더 어려운 실정입니다.

3) 아이들 자신: 오늘날 인터넷상의 SNS로 인해, 아이들의 철없는 행동이 최악의 위험이 될 수 있는 상황입니다. 인터넷 또는 SNS에 한 번 올린 게시물은 순식간에 전파될 뿐만 아니라, 한 번 올린 내용은 삭제하는 것이 거의 불가능할 수도 있습니다. 아이들은 이러한 행동이 자신의 미래에 막대한 영향을 끼칠 수 있다는 것을 인식하지 못합니다. 대학 입학 때나, 회사 입사 시 면접관이 지원자들의 내면을 파악하기 위해 최근에 SNS 활동을 확인하는 것이 일반화되고 있습니다. 우리 자녀들이 미래에 곤란할 수 있는 내용이나 불법

게시물을 올렸다면, 앞으로의 인생에 좋지 않은 영향을 미칠 수 있습니다. 또한, 민감한 정보가 노출되어 낯선 사람이나, 심지어 친구들이 나쁘게 사용한다면, 우리 자녀들이 해를 입을 수 있습니다.

자녀 보호방법

앞서 설명한 중요한 위험들을 이해하였으므로, 그 위험으로부터 자녀를 지키기 위해 취할 방법을 소개합니다.

1) 교육: 가장 중요한 것이 교육입니다.

하나의 기술이나 하나의 컴퓨터 프로그램만으로 아이들이 인터넷에서 직면한 모든 위험을 해결할 수가 없습니다. 어른들이 아이들의 온라인 활동에 대해 항상 대화하고 자녀가 무엇을 하고 있는지 점검할 필요가 있습니다. 또한, 자녀들이 처해 있는 의문점과 문제점을 대화로 풀 수 있도록 편안한 환경을 조성하는 것도 좋은 방법입니다.

2) 자녀 전용 컴퓨터: 자녀만을 위한 별도의 컴퓨터를 마련합니다.

아이들의 실수로 컴퓨터가 악성코드에 감염되더라도, 온라인 뱅킹을 이용하는 사이트의 공인인증서나 계정을 안전하게 지킬 수 있습니다. 그뿐만 아니라, 자녀 전용 컴퓨터는 별도의 내부망이 아니라, 트래픽이 높은 일반적인 네트워크에서 사용하게 하여, 온라인 활동을 모니터링 할 수 있습니다. 마지막으로 자녀들의 컴퓨터는 관리자 계정이 아니라 별도의 사용자 계정으로 만들어 주는 것이 좋습니다. 이렇게 하면, 자녀가 컴퓨터에서 무엇을 하는지 쉽게 알 수 있습니다.

3) 규칙 설정: 자녀들이 인터넷 사용 시 준수해야 하는 규칙 문서를 만드는 것이 필요합니다. 그리고 규칙을 어떻게 지킬지, 위반했을 때 미치는 결과에 대해서도 기록해두면, 아이들이 안전하게 인터넷을 이용할 수 있습니다. 자녀와 함께 규칙 문서를 검토한 다음, 아이의 컴퓨터나 옆 등 잘 보이는 곳에 붙여두면 효과가 큽니다. 이런 식으로 하면, 우리 아이들이 좀 더 쉽게 어른들이 우려하는 것과 당부하는 것을 알고 이해할 수 있습니다.

4) 모니터링: 아이들은 쉽게 믿고 호기심이 강한 본성이 있습니다. 이러한 본성 탓에 아이들이 위험에 빠지거나 고통을 받을 수 있다는 점은 안타까운 일입니다. 그러므로 부모들은 자녀들의 활동을 모니터링 해야 합니다. 아이들은 순진하므로 세상이 얼마나

위험한지 깨닫지 못하는 것이 당연합니다. 부모들이 이러한 문제를 파악하고 고민하여, 안전한 인터넷 환경을 만들 수 있도록 아이들을 도와줘야 합니다. 어른들이 모르고 있을 수도 있지만, 컴퓨터에는 아이들의 활동을 모니터링 하는 보호자 통제 기능이 있습니다. 또는 컴퓨터를 모니터링 하는 프로그램을 구매할 수도 있습니다.

5) 필터링: 부모들은 자녀들이 방문할 수 있는 웹사이트를 통제하고자 하는 욕심이 있을 것입니다. 이 방법은 특히 어린 자녀에게는 중요합니다. 왜냐하면, 실수로 나쁜 곳이나 원치 않는 성인 콘텐츠에 접속할 수도 있기 때문입니다. 모니터링과 마찬가지로, 아이들의 활동을 필터링할 수 있는 보호자 통제 기능이 있으며, 기능이 더 많은 것을 원하면 별도로 프로그램을 구매할 수 있습니다.

하지만 자녀의 나이가 많을수록 필터링 효과는 떨어집니다. 왜냐하면, 가정에서뿐만 아니라, 도서관, 친구 집 또는 학교 컴퓨터와 같이 부모들이 통제할 수 없는 곳에 있는 컴퓨터를 통해 인터넷에 접속할 수 있기 때문입니다. 그래서 첫 번째 단계의 교육이 가장 중요합니다.

▶▶▶ 보안 팁

홈 네트워크를 보호하기 위해 무선 네트워크를 보호하고, 업데이트하고 모든 기기에 패스워드를 설정하기 바랍니다.

개요

몇 년 전까지만 해도 홈 네트워크는 상대적으로 간단했습니다. 즉 인터넷 서핑, 온라인 쇼핑 및 게임 등을 위해 무선 AP와 컴퓨터 한두 대가 전부였습니다. 하지만 오늘날 홈 네트워크는 굉장히 복잡해졌습니다. 최근에는 네트워크에 훨씬 많은 기기가 연결되어 있으며, 웹 브라우징 또는 온라인 쇼핑하는 것 이상의 많은 용도로 사용하고 있습니다. 홈 네트워크를 보호하지 못하면, 홈 네트워크에 연결된 가정용 장비들이 외부의 사이버 공격에 당할 수 있으며, 가족의 정보가 노출될 수 있습니다. 이번 절에서는 개인과 가족을 보호하기 위해 홈 네트워크를 안전하게 구축하는 방법을 알아봅니다.

Scurity-Home-WiFi-header

이미지 출처 : http://www.zonealarm.com/blog/2014/02/how-to-secure-wifi-network/

무선 네트워크

거의 모든 홈 네트워크는 무선 네트워크(또는 와이파이 네트워크)를 가지고 있습니다. 이를 통해 노트북, 태블릿에서부터 게임 콘솔 및 TV 등 가정에 있는 기기를 인터넷에 연결해줍니다. 대부분의 가정용 무선 네트워크는 공유기로 통제됩니다. 공유기는 인터넷을 사용하기 위해 가정에서 KT, SK텔레콤, LG유플러스 등 인터넷 서비스업체가 설치하는 기기입니다. 하지만 일부 무선 네트워크 장비는 인터넷 라우터에 연결된 AP라고 불리는 별도의 시스템에 의해서 통제할 수 있습니다. 이 신호를 통해 가정에 있는 다른 기기들이 무선 네트워크에 연결합니다. 여기서 이러한 기기들은 인터넷에 연결할 수 있을 뿐만 아니라, 홈 네트워크에 있는 다른 기기에도 연결할 수 있습니다. 이는 무선 네트워크를 보호하는 것이 가정을 지키는 핵심이라는 말입니다. 우리는 이를 보호하기 위해 아래의 단계를 권고합니다.

- 인터넷 라우터 또는 무선 AP의 기본 관리자 패스워드를 변경합니다. 관리자 계정을 통해 무선 네트워크를 설정할 수 있습니다. 문제는 많은 인터넷 라우터 또는 무선 AP는 기본 관리자 로그인 패스워드가 설정되어 있으며, 인터넷에 공개되어 있습니다. 즉, 관리자 패스워드를 당신만 아는 강하고, 유일한 패스워드로 변경해야 합니다.

- 기본 무선 네트워크 이름[SSID] 변경. SSID는 연결하려는 기기들이 무선 네트워크를 검색하면 보게 되는 이름입니다. 쉽게 알아볼 수 있도록 홈 네트워크 이름을 유일한 이름으로 변경하는 것이 좋지만, 정보가 포함된 것은 피하기 바랍니다. 와이파이 네트워크 이름을 보이지 않게(또는 브로드캐스트 하지 않게) 설정하는 것은 효과가 없습니다. 최근에 와이파이 검색 도구를 이용하거나, 실력 있는 공격자는 숨겨진 네트워크를 쉽게 찾을 수 있습니다.

- 믿을 수 있는 사람만 무선 네트워크에 연결하고, 사용하게 해야 합니다. 그리고 보안을 강화해서 암호연결을 사용하도록 해야 합니다. 현재 가장 좋은 방법의 하나가 WPA2 보안 메커니즘을 사용하는 것입니다. 이것을 적용하면, 와이파이 네트워크에 접속하는 사람들의 패스워드를 입력하게 합니다. 일단 연결되면, 온라인 활동은 암호화됩니다. 보안이 전혀 안 되거나, 공개 네트워크인 WEP와 같은 구식 보안기술을 사용하지 않기 바랍니다. 공개 네트워크는 인증 없이 누구나 와이파이 네트워크에 접근할 수 있습니다.

- 와이파이 네트워크에 접속하기 위해 사용하는 패스워드를 설정할 때는 관리자 패스워드와 다른 것을 사용하고, 강력한 것을 선택하기 바랍니다. 장비를 통해 와이파이에 접근할 때 한 번만 입력하면, 다음에 접속할 때는 패스워드를 기억하고 있습니다.

- 많은 무선 네트워크는 게스트 네트워크를 지원합니다. 이것은 방문자들이 인터넷에 연결할 수 있게 하지만, 홈 네트워크의 다른 기기에는 접속할 수 없어 보호 기능이 있습니다. 만약에 게스트 네트워크를 추가하면, WPA2 암호를 설정하고 유일한 패스워드를 설정하기 바랍니다.

- 패스워드 및 설정 옵션을 알지 못한 채 새로운 기기들이 네트워크에 연결을 허용할 수 있는 기능을 설정하지 말기 바랍니다.
- 너무 많은 패스워드를 기억하기 힘들다면, 패스워드를 저장 및 관리하는 패스워드관리 프로그램을 이용하기를 권고합니다.

위 단계가 어렵다면, 인터넷 서비스업체에 문의하거나, 인터넷 라우터 또는 무선 AP에 따라오는 설명서나 제조사 웹사이트를 참조하기 바랍니다.

연결된 기기 보호

다음 단계는 누가 홈 네트워크에 연결되어 있는지, 연결된 기기가 안전한지를 확인하는 것입니다. 인터넷에 연결된 기기가 많지 않았을 때는 이 단계가 간단했습니다. 하지만 요즘은 "항상 연결"된 세상이고, TV, 게임 콘솔, 베이비 모니터, 스피커, 온도계 심지어 자동차까지 대부분의 기기가 홈 네트워크에 연결할 수 있습니다. 홈 네트워크에 연결된 것을 찾는 쉬운 방법은 Fing과 같은 것으로 스캐닝하는 것입니다. 이 앱을 컴퓨터나 모바일 기기에 설치해서 무선 네트워크를 스캔하면, 연결된 모든 기기를 보여줍니다. 일단 홈 네트워크에 연결된 모든 기기를 식별했다면, 이 기기들이 안전한지를 확인해야 합니다. 가장 좋은 방법은 운영체제/펌웨어 버전을 최신으로 유지하는 것입니다. 가능하다면, 자동 업데이트 기능을 사용하고 만약에 어떤 기기가 패스워드 입력이 필요하면, 강한 패스워드를 사용하기 바랍니다.

마지막으로 홈 네트워크를 안전하게 구성할 수 있는 도구가 있을 수 있으니 인터넷 서비스업체 웹사이트에 방문해보기 바랍니다.

▶▶▶ 보안 팁

자녀들이 친가 또는 외가 부모님 댁에 방문하는 경우, 가정에서 인터넷을 안전하게 사용할 수 있는 환경을 구축하게 도와주어야 합니다.

개요

초등학생부터 장년층까지 많은 사람이 편안히, 안전하게 인터넷 기술을 이용하고 있습니다. 하지만 가족 중 특히 부모님 세대 중에는 컴퓨터나 인터넷과 함께 성장하지 않은 사람은 신기술에 대해서 불편하게 느낄 수 있습니다. 여기서는 세대 격차 문제로 발생할 수 있는 인터넷 보안 위험과 보안을 지키기 위한 단계를 소개합니다. 추가로 가정에서 자녀들을 안전하게 지키는 단계를 소개합니다. 하지만 아이들이 친척 집에 방문할 때는 이러한 보안조치가 없을 수 있습니다. 이렇게 아이들이 다른 친척 집을 방문했을 때 좀 더 안전한 온라인 환경을 가질 수 있도록 도와줍니다.

기본단계

기본적인 단계는 모든 사람의 디지털 삶을 안전하게 만드는 데 큰 도움이 됩니다. 여기서는 모든 가족에게 추천할 수 있는 동일한 기본단계를 소개합니다. 하지만 만약에 이러한 단계를 이해하지 못하는 가족이 있다면, 자세히 단계를 설명해줘야 합니다.

- 사회공학: 사회공학의 개념에 대해서 모든 사람이 연관될 수 있는 사례를 들어 간단한 용어로 설명해줘야 합니다. 사기와 사기꾼은 수 천 년 동안 존재하였으며, 이러한 공격은 새로운 것이 아닙니다. 과거와 현재의 유일한 차이점은 인터넷 및 전화에도 동일한 개념이 적용되고 있다는 것입니다. 최근에 가장 많이 발생하는 공격 사례로는 보이스피싱, 이메일피싱, 스미싱 문자입니다. 이런 것이 발생할 때는 가족 누구에게도 은행 계좌 접근 패스워드나 개인정보를 알려주거나, 의심스

러운 앱을 다운로드하지 않도록 알려주어야 합니다. 만약에 수상한 이메일 및 문자메시지를 받으면, 패스워드를 알려주거나, 송금하기 전에 반드시 부모 및 가족에게 확인하는 습관을 지니도록 해야 합니다.

- 가정용 와이파이 라우터(공유기): 가정용 와이파이 네트워크가 안전한지 확인해봐야 합니다. 적어도 admin, root 기본 패스워드를 변경하고, SSID 접근 패스워드를 강력한 패스워드로 설정하고, 네트워크 연결은 최신의 암호를 사용해야 합니다.

- 패치: 시스템을 최신으로 유지하고 업데이트하는 것은 모든 기술을 안전하게 만드는 가장 근본적인 조치입니다. 마찬가지로 모든 가정용 기기(모바일 기기 포함) 및 애플리케이션은 완벽히 패치 되어야 합니다. 가장 간단한 방법은 가능하면 자동 업데이트 기능을 설정하는 것입니다.

- 안티바이러스: 사람은 실수를 합니다. 가끔, 하지 말아야 할 것을 클릭하고 설치하기도 합니다. 안티바이러스는 모든 악성코드를 차단할 수 없지만, 일반적인 악성코드는 탐지하고 차단할 수 있습니다. 그래서 모든 가정용 컴퓨터에는 안티바이러스를 설치하고, 항상 최신으로 유지해야 합니다.

- 패스워드: 기기를 보호하고 온라인 계정을 보호하기 위해서는 패스워드가 핵심입니다. 가족들에게 강력한 패스워드를 만드는 방법을 설명해주어야 합니다. 사용하기도 좋고 기억하기도 좋은 패스워드 문구를 만들면 좋습니다. 다른 방법은 패스워드관리 프로그램을 설치해서 사용방법을 가르쳐 주는 것입니다. 여의치 않으면, 패스워드를 기록하라고 하고, 기록한 패스워드를 안전한 장소에 보관해야 합니다. 중요한 온라인 계정의 경우 2단계 인증을 사용하는 것이 좋습니다.
- 백업: 모든 것이 실패했을 때 백업만이 다시 복구해서 살려낼 수 있습니다. 가족들이 간단하면서도 믿을 수 있는 백업 시스템을 사용할 수 있도록 해야 합니다.

위의 모든 단계를 적용하고 있는지 한 달에 한 번 또는 분기에 한 번은 확인하는 것이 좋습니다. 더 확실한 경우로, 기기에 원격 관리 소프트웨어 설치도 고려해보는 것이 좋습니다. 만약에 그렇게 한다면, 원격 관리 프로그램은 암호 및 강력 패스워드로 보호해야 합니다.

친척 집 방문 시

어린 자녀들이 할아버지 집과 같은 부모님 집에 방문할

때, 집에서 사용하던 규칙이 더는 적용되지 않습니다. 온라인에서 아이들을 보호하기 위해 만든 규칙도 마찬가지입니다. 여기서는 친척 집을 방문 시 아이들을 보호하는데 필요한 단계를 소개합니다.

- 규칙: 만약에 아이를 보호하기 위한 규칙이 있다면, 친척들도 여기에 대해서 알고 있어야 합니다. 예를 들어 아이들이 온라인 게임을 할 수 있는 시간에 대한 규칙이 있는지, 또는 스마트폰을 사용할 수 있는 시간이 있는지 아이들이 직접 할아버지, 할머니 등 다른 가족들에게 규칙을 설명하도록 하면 안 됩니다. 다른 방법은 "규칙 문서"를 만들어 아이들이 자주 방문하는 친척과 공유하는 것입니다.
- 통제: 만약에 아이들이 보호자보다도 더 기술을 잘 이해하고 있다면, 아이들이 이를 악용할 수 있습니다. 예를 들어 아이들이 할아버지 컴퓨터에 관리자 권한에 접근해서, 허락하지 않은 게임을 설치하는 것과 같이 모든 것을 다 할 수 있습니다. 아이들에게 정해진 것 이상으로 접근하지 못하도록 해야 한다는 것을 친척들에게 알려야 합니다.

6

사이버 범죄 예방

인터넷을 사용하여 SNS, 쇼핑, 이메일 송수신 등을 이용하는 것은 매우 편리하지만, 대신에 상대를 직접 대면해서 확인할 수 없다는 약점이 있습니다. 인터넷에서는 우리가 알고 있는 친구나 믿을 만한 회사 이름을 이용해서 우리에게 접근하지만, 실제로는 상대편이 가짜일 수 있습니다. 친구관계, 의사소통, 경제 활동 등에 대해서 온라인 활동에 의존성이 증가하면서, 비대면 특성을 이용한 사이버 범죄가 크게 증가하고 있습니다. 친한 친구로 위장하여 채팅 프로그램을 통한 송금을 요구하거나, 믿을 만한 기관을 사칭하여 개인정보를 요구하는 범죄와 가짜 웹사이트를 만들어 상품을 판매하는 행위, 믿을 만한 회사나 기관에서 온 메일처럼 위장한 사기 이메일 등 온라인 범죄 위험에 우리 모두 노출되어 있습니다.

6장에서는 이러한 온라인 범죄 유형과 이에 대한 대처 방안에 대해서 살펴봅니다.

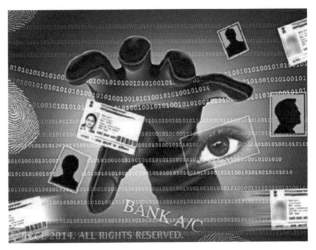

이미지 출처 : http://articles.economictimes.indiatimes.com/2014-12-28/news/
57462649_1_cyber-crime-cyber-attack-cyber-space

▶▶▶ 보안 팁

악성코드를 방어하는 가장 좋은 방법은 컴퓨터, 프로그램, 모바일 앱 등을 업데이트하고, 항상 최신의 안티바이러스를 사용하며, 수상한 메시지에 대해서 주의하는 것입니다.

개요

아마 여러분은 보안·해킹에 대한 뉴스 및 회사 회의에서 바이러스, 트로이목마, 랜섬웨어 또는 루트킷과 같은 생소한 단어를 많이 들어보았을 것입니다. 이러한 용어는 동일한 것으로 컴퓨터 및 모바일 기기를 감염시키고 통제하기 위해 사이버 범죄자들이 사용하는 프로그램 종류입니다. 최근 이러한 다양한 용어를 간단히 "악성코드"라고 부릅니다. 많은 사이버 범죄는 악성코드를 배포하여 이용자를 컴퓨터나 모바일 기기를 감염시키는 것으로 시작합니다. 이번 장에서는 악성코드가 무엇인지, 누가 왜 개발하는지 그리고 악성코드로부터 보호하기 위해 해야 할 일에 관해서 설명합니다.

악성코드 아이콘

악성코드는 무엇인가?

악성코드를 간단히 말하면, 악성 행위를 위해 개발된 컴퓨터 프로그램 즉 소프트웨어입니다. 사실 악성코드라는 용어는 악성과 소프트웨어의 합성어입니다. 사이버 범죄자들은 컴퓨터나 기기가 보유하고 있는 정보에 접근하고 제어하기 위해 컴퓨터나 모바일 기기에 악성코드를 설치합니다. 한 번 악성코드가 설치되면, 공격자는 악성코드를 이용해서 온라인 활동을 훔쳐보고, 패스워드나 중요한 파일을 훔치고, 다른 컴퓨터를 공격하는 데 사용합니다. 악성코드는 기기 소유자가 컴퓨터 파일에 접근하는 것을 차단할 수 있으며, 다시 접근 권한을 얻기 위해 몸값을 지급하라는 요구도 합니다.

많은 사람이 악성코드는 윈도 컴퓨터에서만 가능한 것

이라고 오해하고 있습니다. 물론 윈도가 가장 많이 사용되고 있어 주요 공격대상이지만, 악성코드는 맥 OS, 스마트폰 및 태블릿과 같은 모든 컴퓨팅 기기를 감염시킬 수 있습니다. 사이버 범죄자들은 더 많은 컴퓨터와 모바일 기기를 감염시킬수록 더 많은 돈을 벌 수 있습니다. 즉 나를 포함해서 모든 사람이 공격대상입니다.

악성코드 개발자

악성코드는 더는 순진한 엔지니어나 아마추어 해커들이 만드는 것이 아니라, 구체적인 목표를 가진 지능적인 사이버 범죄자들이 만듭니다. 그들의 목표는 감염된 컴퓨터 또는 기기로부터 돈을 버는 것입니다. 또한, 훔친 데이터를 판매하기도 하고, 스팸 이메일을 보내고, 디도스DDoS 공격을 하고, 금품을 강탈합니다. 악성코드를 제작, 배포하여 이익을 얻는 사람들은 범죄 조직원으로 활동하는 개인 또는 정부기관 등 다양합니다. 오늘날 지능적인 악성코드를 제작하는 사람들은 이러한 목적을 가지고 있으며, 정규직원이 악성코드를 개발하고 있습니다. 또한, 악성코드를 개발하면, 다른 개인이나 조직에 판매도 하며, 고객들에게 정기적인 업데이트 및 지원도 합니다.

일반적인 보호방법은 신뢰받는 기업의 안티바이러스[AV]를 설치하는 것입니다. 안티악성코드 소프트웨어라고도 불리는 이러한 도구는 악성코드를 탐지 및 차단합니다. 하지만 안티바이러스는 모든 악성코드를 차단하거나 제거할 수 없습니다. 사이버 공격자들은 지속해서 새롭고 더 지능적인 악성코드를 개발하여 안티바이러스 프로그램을 우회할 수 있습니다. 그러면 안티바이러스업체에서는 제품에 새로운 악성코드를 탐지할 수 있는 기능을 지속해서 업데이트합니다. 대부분 이것은 양측이 상대편을 앞서기 위한 군비경쟁과 같이 됩니다. 안타깝지만, 범죄자들이 한발 앞서 있습니다. 그래서 단지 안티바이러스만 믿을 수 없으므로 다음과 같은 추가적인 조처를 해야 합니다.

- 사이버 범죄자들은 소프트웨어의 취약점을 공격하여 컴퓨터나 기기를 감염시킵니다. 소프트웨어가 최신 버전일수록, 시스템 취약점이 줄어들며 감염을 막을 수 있습니다. 그래서 운영체제, 애플리케이션 및 기기들이 자동으로 보안 업데이트되도록 설정해야 합니다.
- 사이버 범죄자들이 모바일 기기를 감염시키는 일반적인 방법은 가짜 모바일 앱을 만들어서 인터넷에 올려

놓고 사람들을 속여 다운로드하여 설치하게 합니다. 이 경우 신뢰할 수 있는 온라인 스토어에서 앱을 다운로드하고 설치하기 바랍니다. 추가로 오랫동안 온라인에 게시된 모바일 앱만을 설치하고, 많은 사람이 이용하고 긍정적인 평가가 많은 앱을 다운로드하기 바랍니다.

• 컴퓨터에서 "Administrator" 또는 "root"와 같은 특별한 권한보다 제한된 권한을 가지는 계정을 사용하기 바랍니다. 이렇게 하면 많은 종류의 악성코드가 설치되는 것을 막을 수 있습니다.

• 사이버 범죄자들은 사람들을 속여서 악성코드를 설치합니다. 예를 들어 합법적인 것처럼 보이는 이메일을 보내거나, 첨부 문서나 링크가 포함된 이메일을 보냅니다. 이러한 이메일은 은행이나 친구가 보낸 것처럼 보입니다. 하지만 만약에 링크를 클릭하거나 첨부 문서를 열면, 악성코드가 실행되고 시스템에 악성 프로그램이 설치됩니다. 만약에 본문에 긴급하다는 내용이 있거나 너무 좋은 조건이 있으면, 공격일 수 있습니다. 이러한 이메일은 먼저 의심하고, 상식적으로 판단하는 것은 가장 좋은 대책이 될 수 있습니다.

• 시스템 및 파일을 클라우드 서비스를 이용해서 주기적

으로 백업하거나, 외부 저장 매체에 저장해야 합니다. 이렇게 하면, 랜섬웨어 및 악성코드가 데이터를 암호화하거나 삭제하는 경우에도 백업한 데이터를 보호할 수 있습니다. 백업은 굉장히 중요하며, 악성코드 감염시 데이터를 복구할 수 있는 유일한 방법입니다.

정리하자면, 악성코드로부터 가장 좋은 방어방법은 최신의 소프트웨어를 유지하고, 신뢰할 수 있는 업체의 안티바이러스 소프트웨어를 설치하고, 시스템 및 데이터를 감염시키기 위해 속이는 이메일에 대해서 주의하는 것입니다.

▶▶▶ 보안 팁

랜섬웨어(Ransomeware)가 일단 컴퓨터를 감염시키면, 컴퓨터에 있는 모든 파일을 암호화하거나 접근할 수 없게 한 후 몸값을 요구하는 악성코드의 한 종류입니다.

랜섬웨어란?

랜섬웨어는 최근 인터넷을 통해 활발히 전파되는 특수한 악성코드 중 하나입니다. 랜섬웨어Ransomware라는 용어는 사람을 납치한 후 요구하는 영어의 몸값Ransom과 소프트웨어software의 합성어입니다. 인터넷에서는 사람을 납치하는 대신, 피해자로부터 몸값을 받기 위해 컴퓨터의 파일을 암호화하는 악성 프로그램입니다. 랜섬웨어는 피해자의 문자 및 파일 등을 파괴한다고 위협합니다. 랜섬웨어는 여러 가지 종류의 악성코드 중 하나이지만, 범죄자들에게 좋은 수익거리가 되면서부터 일반화되었습니다.

일단 랜섬웨어가 컴퓨터를 감염하면, 컴퓨터 하드디스크 전체 또는 일부 파일을 암호화합니다. 그리고 컴퓨터 관리자 또는 스마트폰 소유자는 시스템에 접근하지 못하거나, 문서, 사진 등 중요한 파일에 접근할 수 없게 됩니다. 그리고 파일을 복호화하거나 컴퓨터를 복구할 수 있는 유일한 방법은 몸값을 지급하는 것이라고 알려줍니다. 종종 몸값은 비트코인과 같은 디지털 화폐로 지급해야 합니다. 랜섬웨어는 다른 악성코드와 유사하게 전파합니다. 가장 일반적인 방법은 피해자에게 악성 이메일을 발송하는 것이며, 범죄자들은 수신자를 속여서 감염된 문서를 열게 하거나, 공격자의 웹사이트로 이동하게 하는 링크를 클릭하도록 합니다.

랜섬웨어 감염 화면

몸값을 지불해야 하는가?

랜섬웨어에 감염되었을 때 과연 공격자가 요구하는 몸값을 지불해야 할지는 어려운 문제입니다. 문제는 컴퓨터가 감염되었을 때 범죄자에게 몸값을 지불하는 사람이 많을수록 범죄자들은 더 많은 사람을 감염시킵니다. 하지만 랜섬웨어 감염 후 파일을 복구할 다른 방법이 없다면, 몸값을 지불하는 선택을 합니다.

하지만 주의해야 할 것은 몸값을 지불하더라고 파일을 복구할 수 있다는 보장은 없습니다. 범죄자와 협상을 하면, 범죄자들은 파일을 복구해주지 않을 수 있습니다. 또는 몸값을 지불하고 파일의 복호 방법을 받더라도, 복호화 과정에서 잘못되거나, 다른 악성코드에 감염될 위험이 있다는 점을 유의해야 합니다.

파일 백업

만약에 랜섬웨어에 감염되었을 경우, 공격자에게 몸값을 지급하지 않고 복구할 수 있는 유일한 방법은 백업한 파일에서 복구하는 것입니다. 그러므로 최선의 방어책은 중요한 데이터는 백업해놓는 것입니다. 이 방법을 이용하면, 랜섬웨어에 감염되었다고 하더라도 컴퓨터를 새로 설치하여 파일을 복구할 수 있습니다. 만약에 백업 파일이 감염된 시스템에서 동작한다면, 랜섬웨어는 백업 파일을 지우거나 암호화할 수 있으므로 백업 파일을 유명한 클라우드 서비스에 저장하거나, 시스템과 연결되어 있지 않은 외부 저장 매체에 저장해 놓는 것이 중요합니다.

추가로 많은 사람이 백업을 만들 때 하는 실수가 파일이 실제로 복구될 수 있는지를 시험하지 않는 것입니다. 백업 파일은 제대로 복구되는지 주기적으로 시험하고, 시스템이 랜섬웨어에 감염되었을 때 필요한 파일을 복구할 수 있는지 확인하기 바랍니다. 사고로 파일을 삭제하거나 하드 디스크가 고장 날 경우에도 백업을 통해 복구할 수 있으므로 백업은 굉장히 중요합니다.

추가 보호조치

랜섬웨어 공격을 예방하는 또 다른 방법은 감염되지 않는 것입니다. 그래서 다른 악성코드 감염을 예방하는 방법과 동일하게 랜섬웨어 감염으로부터 보호할 수 있습니다. 즉 유명한 회사의 안티바이러스 소프트웨어를 최신으로 유지하기 바랍니다. 안티악성코드 소프트웨어라 불리는 이러한 도구는 악성코드를 탐지하고 중지시키는 기능을 합니다. 하지만 안티바이러스는 악성 프로그램을 차단하거나 삭제할 수 없습니다. 사이버 범죄자들은 지속해서 연구하여 탐지를 우회할 수 있는 새롭고 더 지능적인 악성코드 만듭니다. 마찬가지로 안티바이러스 회사들은 악성코드를 탐지할 수 있는 새로운 기능으로 업데이트합니다. 이것은 상대방을 앞서

기 위해 양측이 군비 경쟁하는 것과 유사합니다. 안타깝지만, 범죄자들이 한 발짝 앞서갑니다. 그러므로 파일을 백업하고, 아래의 조처를 적용해야 합니다.

- 사이버범죄자들은 소프트웨어 취약점을 공격하여 컴퓨터나 기기를 감염시킵니다. 소프트웨어가 최신 것일수록 시스템의 취약점은 줄어들며 감염이 어렵게 됩니다. 그러므로 운영체제, 응용 프로그램 및 기기들이 자동으로 업데이트하도록 설정해야 합니다. 특히 컴퓨터 이용자들도 잘 인지하지 못하는 자바, 쇼크웨이브Shockwave, 플래시, 어도비 리더의 취약점을 공격하는 일이 많으므로, 이러한 프로그램은 반드시 최신의 프로그램으로 업데이트해야 합니다.
- 컴퓨터에서 "Administrator" 또는, "root"와 같은 특별한 권한이 있는 계정 대신 권한이 제한된 일반 계정을 사용할 것을 권고합니다. 이 방법은 다른 악성코드를 예방하는 데에도 도움이 됩니다.
- 사이버범죄자들은 악성코드를 설치하기 위해 사람들을 속입니다. 예를 들어 첨부 파일이나 링크와 같이 정상적인 것처럼 보이는 이메일을 발송합니다. 이메일 발송자는 은행, 정부기관 또는 친구(회사 동료)가

보낸 것처럼 보입니다. 하지만 첨부 파일이나 링크를 클릭하면, 악성코드가 활성화되어 시스템에 악성 프로그램이 설치됩니다. 이메일 내용이 긴급한 느낌이 있거나, 너무 좋은 내용이거나, 문법이 틀렸거나 하면 공격일 수 있습니다. 의심하고 상식적으로 판단하는 것이 가장 좋은 방어책입니다.

이메일 첨부문서 또는 링크를 클릭할 때 주의하고, 최신의 안티바이러스 소프트웨어를 사용하며, 주기적으로 파일을 백업 및 복구하면, 랜섬웨어로부터 우리 자신과 정보를 보호할 수 있습니다.

▶▶▶ **보안 팁**

안전한 온라인 쇼핑방법은 평판이 좋은 믿을 수 있는 온라인 쇼핑몰을 이용하는 것입니다. 좋은 조건, 터무니없이 싼 가격을 제시하는 곳은 사기일 가능성이 높습니다.

연말 주의보

연말이 다가오면, 전 세계 수백만 명의 사람이 멋진 선물을 찾습니다. 많은 사람이 선물을 사기 위해 붐비는 것을 피하고자 오프라인 매장보다 온라인 쇼핑을 이용하고 있습니다. 하지만 이러한 시기에는 사이버 사기범들이 온라인 사기 또는 금융사기를 치기에도 가장 좋은 때입니다. 이번 절에서는 온라인 쇼핑의 위험과 예방법에 대해서 알아봅니다.

가짜 온라인 쇼핑몰

대부분 온라인 쇼핑몰은 합법적이지만, 일부는 범죄자들이 만든 가짜 웹사이트도 있습니다. 사기꾼들은 다른 사이트나 유명 사이트의 상품을 복사해서 가짜 웹사이트를 만듭니다. 사기꾼들은 이러한 가짜 웹사이트를 이용해서 최저가 상품을 찾는 사람들을 먹잇감으로 삼습니다. 만약에 온라인에 "완전 최저가"를 검색해보면, 이러한 가짜 웹사이트로 이동될 수 있습니다.

원하는 상품을 구매하려고 온라인 쇼핑몰 사이트를 선택해야 할 때, 다른 곳보다 상품 가격이 굉장히 저렴하거나 이미 다른 곳에서는 동난 상품을 판매하는 사이트는 조심해야 합니다. 그 상품이 굉장히 저렴한 이유는 물건을 구매한 후에 가짜 상품 또는 훔친 물건을 받거나 일부는 아예 배달도 되지 않기 때문입니다. 다음 사항을 통해 사기 피해를 예방할 수 있습니다.

- 상품 판매 또는 문의 등의 질의를 받을 수 있는 정확한 우편 주소, 전화번호가 있는지 확인해야 합니다. 사이트가 의심스러우면, 전화로 확인하는 절차가 필요합니다.
- 쇼핑 사이트나 앱에 문법이나 철자에 오류가 있는 등의 이상한 점이 있는지 찾아보기 바랍니다.

- 웹사이트가 과거에 방문한 적이 있는 유명한 웹사이트를 정확하게 복사했는데, 웹사이트의 도메인명이나 쇼핑몰의 이름에 조금씩 다른 것이 보이면 유의하기 바랍니다. 예를 들어 G마켓에서 쇼핑을 위해 http://www.gmarket.co.kr/ 웹사이트를 방문하곤 하였는데, URL http://www.gmarcat.co.kr이라는 G마켓과 유사한 웹사이트가 있는 것을 발견하면 의심해야 합니다.

- 포털사이트 또는 앱 마켓에서 쇼핑몰 이름 또는 URL을 쳐서, 그 웹사이트와 앱에 대한 다른 사람들의 평가를 확인해 볼 필요가 있습니다. "사기", "절대로 이용 안 함" 또는 "가짜"와 같은 단어를 찾아보기 바랍니다. 후기가 없다는 것은 좋은 징조가 아니며, 웹사이트가 새로운 것이라는 것을 의미합니다.

사이트 또는 앱이 전문적으로 보인다고 해서 모두 다 진짜가 아니라는 점을 알아야 합니다. 사이트가 어떤 면에서 이상하다고 느껴지면, 좀 더 세밀하게 봐야 합니다. 이상하다고 느끼면, 사용하지 않는 것이 좋습니다. 대신 믿을 수 있는 유명한 웹사이트를 이용하거나, 과거에 이용한 사이트를 이용하기 바랍니다. 유명한 사이트는 좋은 가격이 없거나, 좋은 행사가 없을 수 있지만, 합법적인 제품을 받을 수 있습니다.

사용 중인 컴퓨터/모바일 기기

합법적인 웹사이트에서 쇼핑하는 것뿐만 아니라, 온라인 쇼핑몰을 이용할 때는 사용하는 컴퓨터 또는 모바일 기기가 안전한지도 확인해야 합니다. 사이버 범죄자들이 컴퓨터나 모바일 기기를 감염시켜, 은행 계좌, 신용카드 정보 및 패스워드를 수집하고 있습니다. 기기를 안전하게 만들기 위해 다음 단계를 따르기 바랍니다.

집에 어린이가 있다면, 컴퓨터 두 대를 이용해서 한 대는 어린이 전용, 한 대는 부모용으로 하는 것이 좋습니다. 어린이들은 호기심이 많고, 기술을 이용하는 것을 좋아해서 악성 코드 같은 것에 쉽게 감염됩니다. 컴퓨터나 태블릿을 분리해서 한 대는 온라인 뱅킹 및 쇼핑과 같은 온라인 거래용으로만 사용하면, 감염될 위험을 낮출 수 있습니다. 컴퓨터 두 대를 사용하지 못하면, 컴퓨터 한 대에 계정을 따로 만들어서 아이들이 관리자 계정을 사용하지 못하도록 해야 합니다.

- 금융 거래 시 가정용 네트워크 또는 신뢰할 수 있는 무선 AP 등 직접 관리하는 무선 네트워크에만 접속해야 합

니다. 커피숍과 같은 공공 와이파이에서는 뉴스를 보는 것은 괜찮지만, 은행 계좌에 접속하는 것은 위험합니다.

- 항상 최신의 운영체제로 업데이트하고, 최신의 안티바이러스 소프트웨어를 운영하기 바랍니다. 이렇게만 해도 범죄자들이 기기를 감염시키기가 어려워집니다.

신용카드

매달 오는 신용카드 명세서를 꼼꼼히 읽어보고 이상한 사용 내역이 있는지 확인하는 것도 필요합니다. 적어도 한 달에 한 번은 명세서를 검토해야 합니다. 일부 신용카드 회사는 한도가 초과하는 경우나, 신용카드 사용 내역을 이메일이나 스마트폰으로 알려주는 기능을 제공합니다. 다른 방법은 온라인 구매용 신용카드를 정해서 카드 정보가 해킹되면, 다른 결제에 영향을 주지 않고 바로 그 카드를 바꿀 수 있습니다. 사기가 발생하였다면, 신용카드사에 즉시 전화해서 상황을 설명하고 결제 취소요청을 합니다. 그래서 온라인으로 결제 시에는 신용카드가 직불카드보다 훨씬 안전합니다. 직불카드는 은행 계좌에서 바로 돈이 빠져나갑니다. 그래서 사기 결제라는 것을 알았더라도 돈을 다시 돌려받기가 굉장히 어렵습니다.

마지막으로 신용카드 번호를 노출하지 않고 결제할 수 있는 새로운 기술이 있습니다. 신용카드사는 온라인 구매 때마다 별도의 유일한 카드번호를 만들어 주는 서비스가 있습니다. 또는 미국의 페이팔PayPal 같은 서비스는 온라인 결제 시 신용카드 번호를 입력하라고 요구하지 않습니다.

다른 곳에 비교해 너무 싼 가격으로 상품을 판매하고 있다면, 그 웹사이트는 가짜일 가능성이 높습니다.

온라인 쇼핑은 편리하여, 집 또는 회사 컴퓨터에서 간편하게 서비스를 이용할 수 있습니다. 하지만 사이버 범죄자는 이러한 사실을 알고, 온라인에서 세일 상품을 찾는 사람들의 심리와 온라인의 허점을 이용합니다. 범죄자는 합법적인 것처럼 보이는 가짜 웹사이트를 만들어 가짜 상품을 판매, 정보 탈취 또는 가짜 대학 입학 사기 등의 범죄를 저지릅니다. 이 절에서는 이러한 공격 사례를 알려주고, 유사한 사기에 속지 않고 보호할 방법을 설명합니다.

최근에 주위 친구나 친척의 아기가 태어나서 선물을 주려고 유모차를 구매하려고 합니다. 온라인에서 세일 상품을 찾아보기로 하고, 유모차를 검색합니다. 특히 상대방이 좋아하는 브랜드 A로 검색하기 했습니다. 브랜드 A로 검색하면, 동일한 유모차를 판매하는 여러 개의 사이트를 발견하게 됩니다. 하지만 가격은 굉장히 차이가 크게 납니다. 그러면 우리는 가장 저렴한 가격으로 판매하는 웹사이트를 선택하고, 온라인으로 상품을 구매합니다. 몇 주 후에 상품을 받아보고 나서야 자신이 주문한 상품과 다르다는 것을 알게 됩니다. 특정 부분이 고장 났거나 훼손된 것일 수도 있고, 중고 상품일 수 있습니다. 그리고 상품을 반환하기 위해 웹사이트에 전화번호를 찾으면, 전화번호가 없는 것을 알게 됩니다. 그래서 이메일을 보내보지만, 답변이 없습니다. 이 경우가 가짜 웹사이트에서 가짜 상품(또는 훔친 상품)을 구매한 것입니다.

이 경우는 진짜 제조사 물건의 합법적인 웹사이트를 복사하여, 범죄자들이 관리하는 도메인명으로 웹사이트에 게시한 것입니다. 그런 후 사람들이 상품을 사게 하려고 굉장히 싼 가격으로 올려놓은 것입니다. 하지만 배달되는 상품은 가짜이거나, 훔친 물건, 중고품이거나, 아니면 아무엇도 배달되지 않습니다.

또는 어느 날 갑자기 정부기관에서 정보가 누출되어 신고가 필요하다는 문자나 전화를 받습니다. 그리고 정보 노출 신고를 하라고 합니다. 하지만 알려준 사이트는 사이버 범죄자가 개인정보 및 금융 관련 정보를 탈취하기 위해, 공공기관 사이트를 똑같이 모방하여 운영하거나 가짜 금융회사 사이트를 만들어 놓은 것입니다. 사이트 외관상 모두 진짜처럼 보이므로 사용자는 보이스피싱 및 이메일에서 온 내용을 바탕으로 가짜 사이트에 본인의 정보나, 금융계좌 및 인증정보를 입력할 수 있습니다. 일단 웹 사이트에 정보를 입력하게 되면, 이 정보는 범죄자의 손으로 넘어가게 됩니다.

보호방법

사람들은 좀 더 저렴한 상품을 찾기 위해, 또는 편리한 서비스를 위해 인터넷을 이용합니다. 하지만 진짜처럼 보이는 가짜 웹사이트를 이용한 공격으로부터 우리 자신을 보호하기 위해서 아래와 같이 몇 가지 보호단계를 제시합니다.

1) 상품의 가격 차이가 너무 나면, 일단 의심해보기 바랍니다.

2) 사이트에 있는 전화번호로 전화해봅니다. 전화번호가 없다면 의심해보기 바랍니다.

3) 범죄자들이 만들어 놓은 사기 웹사이트는 우리나라 사람이 만들지 않았을 수 있습니다. 그래서 범죄자들이 보내는 이메일의 문법이 틀리거나 오타가 포함되어 있습니다. 문법적인 오류나 오타 등이 있으면 의심해보기 바랍니다.

4) 공공기관이나 금융회사는 검색 사이트에서 공공기관이나 금융회사를 검색해서 진짜 URL을 확인하고 비교해보기 바랍니다.

5) 범죄자들은 사이트에 우리가 찾는 상품의 브랜드명을 사용합니다. 그래서 가짜 웹사이트가 진짜처럼 보이는 것입니다. 그러나 가짜 웹사이트의 URL을 자주 변경해서, 웹사이트를 닫을 수 없도록 만들기도 합니다. 그 결과 범죄자들은 구매 과정에서 다른 도메인이나 이메일 주소를 사용합니다. 예를 들어 유모차 웹사이트에서 사이버 범죄자들은 www.brandxbabycarriers.com과 같은 웹사이트 도메인을 가지고 있는데, 사용하는 이메일 도메인은 sales@brandxcarrierstogo.com이며, 지원 이메일이 support@babycarriersbrandx.com으로 도메인이 모두 다르다는 것을 알 수 있습니다. 이렇게 도메인이 다른 경우에는 의심해보기 바랍니다.

6) 정상적인 회사는 온라인 구매 과정에서 개인 구매정
보를 보호하기 위해 항상 암호화를 적용합니다. 온
라인 구매 과정에서 암호가 사용되지 않는다면, 웹
사이트를 이용하지 않는 것이 좋습니다. 웹사이트에
암호를 사용하고 있는지 확인하는 방법은 URL이
HTTPS로 시작되어야 하며, 브라우저에 자물쇠 모
양이 보이게 됩니다.

7) 온라인 상점의 이름이나 URL을 검색해서 사기로 의심
되는 웹사이트에 불만사항이 게시되었는지 확인하는 것
이 필요합니다. 예를 들어 www.brandxbabycarrier.
com에서 물건을 구매하고 있다면, 위 URL을 먼저
검색해서 다른 사람들이 사기 상품 때문에 불만이
있는지 확인하는 일이 필요합니다.

8) 신용카드 번호를 요구할 경우에는 공개하지 않도록
주의하기 바랍니다.

9) 보안 소프트웨어를 사용해서 우리가 방문하는 웹사이
트의 신뢰 수준을 평가하는 것도 고려해보기 바랍니다.

10) 사이트가 진짜인지 판별할 수가 없다면, 그 사이트
를 이용하지 않는 것이 좋습니다. 대신 이미 알고
있는 신뢰하는 사이트에서 물건을 구매하기 바랍니
다. 가장 좋은 조건으로 구매하지 못할 수도 있지
만, 상품과 교환 환불 정책은 신뢰할 수 있습니다.

11) 온라인 사기 범죄 피해자가 되었다면, 경찰 또는 관련 기관에 신고하기 바랍니다. 또한, 만약에 신용카드를 사용하였다면, 카드사에 전화해서 온라인 사기에 이용되지 않도록 신용카드를 정지하기 바랍니다.

사회공학적 공격을 예방, 탐지 및 차단할 방법을 알면, 가장 효과적으로 우리 자신을 보호할 수 있습니다.

개요

우리는 일반적으로 사이버 공격자들은 첨단 해킹 도구와 기술을 이용해서 사람들의 컴퓨터, 계정 및 모바일 기기를 해킹한다고 오해하고 있습니다. 하지만 이것은 사실과 좀 다릅니다. 사이버 공격자들이 정보를 훔치고 컴퓨터를 해킹하는 가장 쉬운 방법의 하나가 사람들에게 말로 속이는 것이라는 것을 알게 되었습니다. 이번 절에서는 사회공학적 공격의 하나인 보이스피싱 및 이와 유사한 공격으로부터 우리 자신을 보호할 방법에 대해서 알아봅니다.

사회공학적 공격

보이스피싱 범죄는 사회공학적 공격기법 중 하나입니다. 사회공학적 공격은 사람들을 속여 자신들이 원하는 방향으로 움직이게 하는 심리적 공격 방법입니다. 사회공학적 공격수법은 수천 년 동안 존재해왔으며, 사람을 속이는 것은 새로운 것이 아닙니다. 하지만 사이버 공격자들이 인터넷 또는 전화를 이용해 이 기법을 사용하는 것은 굉장히 효과적이며, 이를 이용하여 수백만 명의 사람을 대상으로 할 수 있습니다. 사회공학이 동작하는 방법을 가장 쉽게 이해하는 길은 실제 사례를 보는 것입니다.

보이스 피싱

가장 최근 큰 피해가 발생하고 있는 사회공학적 공격 방법은 바로 "보이스피싱"입니다. 어느 날 우리는 경찰, 검찰, 국세청 또는 은행 직원이라고 하는 사람들로부터 전화를 받습니다. 그리고 은행 계좌가 해킹되어서 돈을 이체해야 한다고 하거나, 우체국이라고 하며 물품을 받으려면 정보를 입력하라고 요구합니다. 이 사람들은 우리에 대해 자세한 정보도 알고 있어 진짜 직원인 것처럼 속입니다. 전화번호도 경찰, 검찰, 국세청 또는 은행 전화번호와 유사합니다. 하지만 전화번호도 거짓으로 표시하여 발신한 것입니다.

그래서 우리가 당황하며 범죄자의 말에 속아 넘어가는 순간, 이 사람들은 돈을 이체하도록 요구하거나, 개인정보를 요구합니다. 심지어 은행 비밀번호, 공인인증서 보안카드 번호도 요구합니다. 당황한 우리는 돈을 송금하거나, 금융 관련 민감 정보를 다 알려줍니다. 그리고 다시 전화하면 연결이 되지 않으며, 몇 시간이 지난 후에 우리가 속은 것을 알아차립니다.

이러한 보이스피싱 등의 사회공학적 공격은 전화에 한정되어 있지 않으며, 이메일, SMS, 페이스북 메시지, 트위터 게시글 또는 온라인 채팅 등 다양한 기술로도 가능합니다. 핵심은 믿을 수 있는 정부기관을 사칭하여 누군가 급한 상황을 만들어 송금을 요구하거나 개인정보를 요구하는 경우 침착하게 대응하는 것이 필요합니다.

사회공학적 공격 탐지 및 차단

사회공학적 공격을 방어할 수 있는 가장 간단한 방법은 상식적으로 판단하는 것입니다. 특히 의심스럽고 비상식적인 요청을 하거나 제안한다면, 바로 그것이 공격일 수 있습니다. 사회공학적 공격의 일반적인 특징은 다음과 같습니다.

- 엄청나게 긴급한 일이라고 하는 사람. 누가 빨리 결정하라고 하면 의심해보아야 합니다.
- 다른 사람이 알 수 없거나, 이미 알고 있는 우리의 개인정보를 알고 확인합니다.
- 인터넷 메신저 및 SNS를 통해 지인이 돈을 요구합니다.
- 사지도 않은 물건이 배송 중 반송되고 있다고 합니다.
- 자녀를 납치했다고 하며 아이의 목소리를 전화로 들려줍니다.

어떤 사람이 전화로 돈을 송금하라거나 개인정보를 요구하면, 더는 그 사람과 소통하면 안 됩니다. 만약에 어떤 사람이 계속해서 전화하면 끊어야 합니다. 자동응답 전화에서 돈을 요구하거나, 개인정보를 요구하면 바로 끊어야 합니다. 만약에 온라인으로 채팅하고 있는 사람이면, 연결을 차단해야 합니다. 신뢰할 수 없는 이메일이라면 삭제해야 합니다. 사회공학적 공격이 업무와 관련된 것이라면, 회사의 보호팀에 보고해야 합니다.

보이스피싱 피해 예방법

다행히도 향후 사회공학적 공격에 노출되지 않기 위한 예방법이 있습니다.

- 개인정보 절대 공유 금지: 어떤 기관에서도 민감한 개인정보를 물어보기 위해 연락하지 않습니다. 만약에 누군가가 주민등록번호, 신용카드 번호나 보안카드 번호를 물어보면 이것은 공격입니다.
- 너무 많은 것을 공유하지 말라: 공격자가 우리에 대해서 더 많이 알수록, 우리를 쉽게 속일 수 있습니다. 우리 자신에 대해서 조금씩이라도 자주 공유하면, 우리에 대해서 전체를 알 수 있습니다. SNS 사이트, 상품평 또는 공개 포럼, 메일 리스트 등을 적게 공유할수록, 공격받을 확률도 낮아집니다.
- 연락처 확인: 정부기관, 은행, 신용카드사, 통신사 등으로부터 합법적인 이유로 전화를 받게 되는 경우가 있습니다. 만약에 요청하는 정보가 합법적인지 의심스러우면, 상대방의 이름과 전화번호를 물어봐야 합

니다. 자동응답 전화가 오면 전화를 끊고 다시 전화해서 확인해야 합니다. 그리고 각 기관의 공식 전화번호를 확인하여 전화번호가 맞는지 확인해야 합니다. 이렇게 직접 기관에 전화할 때 우리가 실제 기대하는 사람과 통화할 수 있습니다. 귀찮을 수도 있지만, 우리의 신분과 개인정보를 보호하는 것이 더 중요하기 때문입니다.

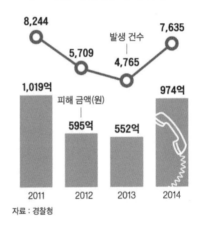

보이스피싱 발생 및 피해 현황

발생 건수
8,244
5,709
4,765
7,635

피해 금액(원)
1,019억
595억
552억
974억

2011　2012　2013　2014

자료 : 경찰청

보이스피싱 피해 후 대처법

아무리 조심한다고 해도 일부는 상황에 속아서 돈을 이체하거나, 개인정보를 제공하는 피해를 보고 있습니다. 이 경우에는 침착하게 아래와 같이 대처해야 합니다.

- 돈을 사기범이 말한 은행 계좌로 송금했다면, 지급정지 요청: 보이스피싱에 당해서 돈을 송금했다면, 최대한 빠르게 112 콜센터나 금융회사 콜센터를 통해 사기 계좌에 대해 지급정지를 요청합니다. 빨리 신고하는 경우에는 사기 계좌에 돈이 남아서 돌려받을 수 있습니다.
- 유출된 개인정보에 대한 조치: 유출된 금융 관련 개인정보(신용카드 번호, 계좌 번호, 보안카드 등)가 있다면, 금융회사에 신고하고 그와 관련된 계좌를 모두 해지하거나 폐기하는 것이 좋습니다.

▶▶▶ **보안 팁**

금융기관, 공공기관을 사칭하여 긴급한 행동을 유도하는 SMS 문자
메시지의 내용이 의심스러울 때는 절대 URL을 클릭하면 안 됩니다.

개요

인터넷 접속, 모바일 앱 또는 이메일 피싱으로 우리의
민감 개인정보를 노리는 사이버 공격이 많습니다. 하지만
모바일 기기가 확산하면서 또 다른 방법으로 스미싱
Smishing이라는 신종 공격이 크게 퍼지고 있습니다. 스미싱
은 문자메시지SMS와 피싱Phising을 합성한 용어로서, 문자
메시지를 통한 공격을 말합니다. 이번 절에서는 일반적인
스미싱 공격방법과 이러한 공격에서 우리 자신을 보호할
방법에 관해서 설명합니다.

스미싱 공격

스미싱 공격도 사회공학적 공격기법의 하나입니다. 상대
방을 확인할 수 없는 약점을 이용해서 문자메시지를 통해
아는 사람에게서 온 메시지인 것처럼 보이게 하여, 사람을

속이는 공격입니다. 문자 메시지는 기술적으로 수백만 명의 사람에게 동시에 보낼 수 있으며, 전화번호 형식도 일정하여 수신자를 정확히 알지 못해도 대량으로 발송할 수 있습니다. 또한, 최근에는 카카오톡 등 SNS를 통해서 발송하면, 비용도 들지 않습니다. 그래서 불특정 다수의 사람에게 속이는 메시지를 쉽게 볼 수 있게 발송합니다.

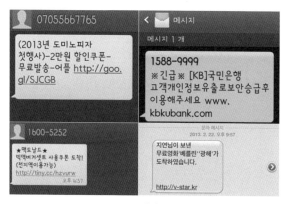

스미싱

최근에 많이 발생하는 스미싱 공격 사례는 다음과 같습니다. 갑자기 문자 또는 SNS 메시지로 결혼 청첩장 메시지가 옵니다. 온라인 쇼핑이 증가하면서 누구나 읽을 수 있는 "택배 도착 예정"이라는 메시지, 또는 은행이나 금융감독원이라고 하며 폰뱅킹 앱을 업데이트하라는 메시지도 있습니다. 이외에도 메시지의 내용은 사람들이 믿을 수 있도록 더

욱 다양하게 만들 수 있습니다. 하지만 발송한 사람은 모르는 사람이 대부분입니다. 전화번호 목록에 있는 사람이 악성코드에 감염되어 발송할 수도 있으므로 의심스러우면, 발송한 지인에게 확인하는 절차가 필요합니다. 스미싱 공격의 특징은 대부분 피싱 이메일 공격과 마찬가지로 뒤에 URL 주소가 포함되어 있습니다. 또한, 우리가 잘 아는 은행이나, 공공기관을 사칭하는 경우가 많습니다. 그래서 사이버 범죄자들은 이 메시지를 받은 사람들이 메시지에 포함된 URL을 클릭하도록 유도합니다.

우리가 호기심이나 긴급한 메시지 내용 때문에 URL을 클릭하면, 정상 앱 마켓이 아닌 불법 사이트로부터 우리의 스마트폰에 악성 앱이 설치됩니다. 설치된 악성 앱은 스마트폰에 있는 전화번호 목록이나, 온라인 뱅킹 보안카드정보 또는 신용카드 등 민감한 개인정보를 훔쳐갈 수 있습니다. 또한, 소액 결제 기능을 통한 자동 결제가 이루어질 수도 있습니다. 어떤 악성 앱은 전화 내용을 녹음할 수도 있습니다. 사이버 범죄자들은 악성 앱을 설치하도록 하여 우리의 스마트폰의 민감한 개인정보를 모두 볼 수 있으며, 원격으로 스마트폰을 제어할 수도 있습니다. 그러므로 의심스럽거나, 기대하지 않은 메시지가 있으면, 침착하게 생각하고 대응해야 합니다.

스미싱 공격 탐지 및 차단

스미싱 문자메시지는 통신사에서 많은 발신번호를 저장해놓고 차단하고 있습니다. 그래서 SNS를 통한 스미싱 메시지가 더 늘어나고 있습니다. 하지만 가장 효과적인 방법은 우리 자신이 상식적으로 판단하는 것입니다. 문자 메시지가 의심스럽고 비상식적인 사항을 요청하거나 제안한다면, 공격일 수 있습니다. 이런 경우에는 즉시 메시지는 삭제하기 바랍니다. 이러한 메시지가 자신의 회사와 관련된 내용이라면, 회사의 개인정보 보호팀에도 알려야 합니다.

스미싱 피해 예방법

스미싱 예방방법은 간단합니다. 즉, 스미싱 메시지에 포함된 URL을 클릭하지 않으면, 아무 일도 발생하지 않습니다. 또한, 아래와 같이 조치하면 스미싱 공격으로부터 보호할 수 있습니다.

- 출처가 확인되지 않은 문자메시지의 URL 주소 클릭 금지: 지인 또는 우리가 이용하는 은행으로부터 온 문자메시지라도 URL 주소가 포함된 경우, 클릭하기 전에 전화로 확인하는 절차가 필요합니다.
- 공식 앱 마켓이 아닌 곳의 앱은 설치하지 않기 바랍니다:

URL을 클릭하면, 앱이 설치를 시도합니다. 이 경우 대부분 앱은 불법 사이트에 있으므로 스마트폰의 "알 수 없는 출처"에서 다운로드하는 앱은 설치가 되지 않도록 해야 합니다.

- 스마트폰 백신 프로그램을 설치하고 최신의 상태로 업 데이트: 스마트폰에서 알려진 악성 앱을 탐지하는 백 신 프로그램을 설치하여 항상 실행하고, 최신의 상태 로 업데이트해주기 바랍니다.

07

이메일 이용 시 유의사항

이메일은 인터넷을 이용하면서 가장 많이 이용하는 서비스 중의 하나입니다. 이메일은 거리, 시간과 관계없이 개인적 일이나 업무상으로 편리하게 의사소통할 수 있는 가장 중요한 수단 중 하나입니다.

http://marketingland.com/library/channel/email-marketing

모바일 기기가 보급되면서 더 빠르게, 더 편리하게 이메일을 이용하고 있습니다. 그러나 이메일을 잘못 사용하면, 우리 자신 또는 회사에 나쁜 영향을 미칠 수 있습니다. 또한, 많은 사이버 범죄자가 이메일을 통해 피싱 공격 또는 스피어피싱 공격을 통해 우리 자신 및 회사의 정보를 노리고 있습니다.

이번 장에서는 이메일 이용 시 사람들이 가장 많이 하는 실수와 이것을 피할 방법과 이메일 이용한 사이버 공격방법과 유의점에 관해서 설명합니다.

▶▶▶ 보안 팁

이메일을 사용할 때는 잠시 속도를 줄여서, "보내기" 버튼을 누르기 전에 한 번 더 확인하고 생각할 필요가 있습니다.

이메일은 거리, 시간과 관계없이 개인적 일이나 업무상으로 편리하게 의사소통할 수 있는 가장 중요한 수단 중 하나입니다. 그러나 이메일을 잘못 사용하여 실수가 생기면 우리 자신 또는 회사에 나쁜 영향을 미칠 수 있습니다. 이메일을 잘못 사용한 우리 자신이 바로 가장 큰 적이 될 수 있습니다. 이번 절에서는 이메일 이용 시 사람들이 가장 많이 하는 실수와 이것을 피할 방법에 관해서 설명합니다.

이메일

이미지 출처 : http://marketingland.com/personalization-made-email-marketing-cool-152302

자동완성 기능

친구나 직장 동료에게 이메일을 보낼 때, 우리는 먼저 받을 사람의 이메일 주소를 입력합니다. 예를 들어 홍길동gdhong에게 이메일을 보내고자 하면, 그 사람의 이메일 주소인 gdhong@example.co.kr을 기억하고 타이핑을 합니다. 특히 수신자가 복잡한 주소를 가지고 있거나, 이메일 주소록에 수백 명이 있다면, 기억해야 할 것이 많아집니다. 자동완성 기능을 이용한다면, 사람 이름만 입력할 때 이메일 소프트웨어가 자동으로 이메일 주소를 선택해 줍니다. 이 방법은 이메일 주소를 기억하지 않아도 되고 대신 수신자 이름만 기억하면 됩니다. 하지만 유사하거나 동일한 이름이 많은 경우에 자동완성 기능 사용 시 문제가 발생합니다. 예를 들어 '김수현'(직장 동료)에게 이메일 보내려고 하였으나, 잘못하여 자동완성 기능으로 '김수현'(자녀 학원 선생님)을 선택할 수 있습니다. 이 결과 원하지 않게 비인가 된 사람들에게 회사의 민감한 정보가 전송되어 버립니다.

이러한 실수를 예방하기 위해서는 이메일 "보내기" 버튼을 누르기 전에 항상 이름과 이메일을 확인해야 합니다. 추가로 이메일에 표시되는 이름에 사람의 소속을 포함하는 것도 좋은 방법입니다.

참조/숨은 참조

먼저 이메일을 사용할 때, "받는 사람"에 입력된 사람이 이메일을 수신하는 유일한 사람이 아닐 수 있습니다. 대부분의 이메일 프로그램에는 추가로 참조/숨은 참조^{Cc/Bcc} 2개의 옵션을 제공하고 있습니다. 참조^{cc}는 "carbon copy"의 줄임말이며, 이 기능은 참조된 사람에게 이메일을 직접 보내는 것이 아니라, 정보를 주고자 하는 것입니다. 예를 들어 회사 동료에게 이메일을 보내고자 하면, "참조"에 상사를 포함하여 상태를 공유할 수 있습니다. 숨은 참조^{bcc}는 "Blind carbon copy"의 줄임말로 참조와 유사하나 "받는 사람"과 "참조"만 보이며, 숨은 참조인은 나타나지 않습니다.

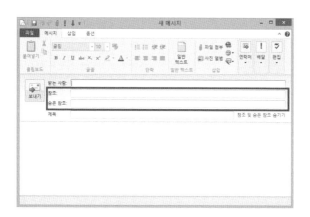

"참조/숨은 참조"를 잘못 사용하면, 여러 가지로 곤란한 상황이 발생할 수 있습니다. 어떤 사람이 우리에게 이

메일을 보낼 때, 이메일에 참조인이 있는 경우, 우리는 발신자에게만 답장할지, 아니면 숨은 참조가 포함된 모든 사람에게 답을 할지를 결정해야 합니다. 답장이 좀 민감하다면, 발신자에게만 답변하는 것이 좋습니다. 이 경우, "전체 답장" 옵션을 사용하면 안 됩니다. "전체 답장"은 모든 사람이 포함되어서 이메일의 내용에 따라서 문제가 생길 수 있습니다. 숨은 참조를 이용하면, 상사에게 몰래 이메일을 복사해 줄 수 있습니다. 그러나 상사가 "전체 답장"으로 답장을 한다면, 모든 수신자가 숨은 참조로 그 사람이 포함된 것을 알게 되며, 비밀도 공개될 수 있습니다.

그룹 목록

그룹 목록은 여러 이메일 주소를 모아서 그룹을 지어 놓은 것으로 그룹명이라고도 합니다. 예를 들어 group@example.co.kr이라는 이메일 주소로 그룹 목록을 만들 수 있습니다. 이 주소로 이메일을 발송하면, 그룹의 수백 명 또는 수천 명에게 발송됩니다. 그래서 그룹 목록으로 이메일을 보낼 때는 많은 사람이 메시지를 받게 되므로 조심해야 합니다. 의도하지 않게 수천 명의 사람에게 이메일을 보내는 일이 없게 해야 합니다. 자동완성 기능으로 배포 목록이 선택될 수 있으므로 이것도 위험한 상황이 발생할 수 있습니다. 예를 들어 회사 동료인 gdhong1@example.co.kr 단 한 사람에게 이메일 보내려고 하였으나 자동완성 기능으로 인해 대신 그룹 목록에 이메일이 발송될 수 있습니다.

감정절제

감정적으로 흥분한 상태에서는 절대로 이메일을 보내서는 안 됩니다. 만약에 감정적인 상태에서 이메일을 발송한다면, 나중에 나쁜 영향을 줄 수 있습니다. 향후 친구 관계나 직장 등에 큰 비용을 지급할 수 있습니다. 이런 경우에는 시간을 갖고 생각을 다시 정리하는 것이 좋습니다. 컴퓨터에서 잠시 떨어져서 흥분된 감정을 추스르고, 이메일 프로그램을 열어서 받는 사람/참조/숨은 참조가 비어 있는 것을 확인하고 커피 한 잔을 마시기 바랍니다. 돌아와서 이메일을 삭제하고 다시 시작하는 것입니다. 현명한 사람은 "오늘 초안을 작성하고, 내일 보낸다."라는 원칙을 지킵니다. 이 방법을 실천해보기를 추천합니다.

프라이버시

이메일의 프라이버시에 대해서 알고 있어야 합니다. 우편을 통해 보내는 포스트 카드처럼 이메일은 접속하는 사람 누구나 읽을 수 있습니다. 추가로 전화나 개인적 대화와 다르게 이메일은 한 번 보내면, 우리가 통제할 수 없는 상황이 발생합니다. 한 번 보낸 이메일은 다시 다른 사람에게 전송될 수도 있고 인터넷에 공개되어 영원히 남을 수 있습니다. 만약에 정말 사적인 내용이라면, 이메일을 사용하지 않는 것이 더 좋은 방법입니다.

7.2 이메일 피싱 및 사기 예방

▶▶▶ 보안 팁

이메일이 이상하거나 너무 호의적이면, 사기 메일일 가능성이 큽니다. 상식적으로 판단하기 바랍니다.

앞에서 언급했듯이 이메일은 친구 간 대화 및 회사 업무를 위한 주요 통신 수단 중 하나가 되었습니다. 우리는 거의 매일 업무에서, 상거래 또는 친구 간의 연락을 위해서도 이메일을 사용하고 있습니다. 또한, 이메일은 회사의 제품이나 서비스를 소개할 때나 온라인 구매에 대한 확인 및 휴대폰 요금/신용카드 명세서도 이메일을 통해서 받아 보는 경우가 많습니다. 전 세계 너무도 많은 사람이 이메일을 사용하고 있습니다. 그래서 상당수의 사이버 공격이 이메일을 통해서 이루어지고 있습니다. 이번 절에서는 이메일을 사용할 시 발생할 수 있는 위험과 이를 예방하는 방법을 설명하고자 합니다.

피싱 공격

피싱Phishing이란 '수신자의 거래 은행이나 신용카드 회사 같은 신뢰할 수 있는 출처로 위장하여 개인정보나 금융정보를 얻기 위해 이메일을 보내는 행위'로서 우리나라 말로 쉽게 표현하면, '이메일 사기 행위'입니다. 피싱 공격은 이메일을 이용한 공격방법 중 가장 일반적인 방법입니다. 피싱은 공격자가 사람들을 속여서 어떤 행동을 하도록 하는 사이버 공격이며, 사회 공학에도 사용됩니다.

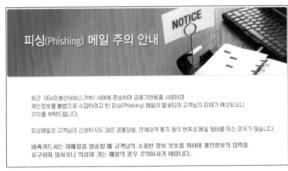

이메일피싱

피싱은 최초에 온라인 은행 로그인 정보를 훔치는 공격에 사용된 용어였습니다. 피싱 공격은 이메일의 링크를 클릭하거나, 첨부 파일을 열거나, 메시지에 답변하게 하는데 마치 사람들이 알고 있거나, 신뢰할 수 있는 어떤 것처럼 가장하여 이메일을 발송하면서 시작합니다. 사이버 범죄자는 이러한 신뢰할 수 있는 이메일을 조작해서, 전 세계 수천만 명의 사람에게 발송합니다. 범죄자들은 특정한 목표물을 정해놓지 않고, 누가 걸려들지 정확히 모릅니다. 하지만 범죄자들은 더 많은 이메일 주소로 발송하면, 더 많은 사람이 걸려든다는 것을 알고 있습니다. 피싱 공격은 다음과 같은 목표를 가지고 시도합니다.

1) 정보 수집: 사이버 공격자는 사람들을 속여서 링크를 클릭하게 하여 로그인/패스워드 정보를 요청하는 가짜 웹사이트로 이동시킵니다. 이 웹사이트는 온라인 뱅킹 사이트와 거의 똑같이 만들어 놓아 진짜인 것처럼 보입니다. 하지만 여기에 정보를 입력하면, 입력한 정보를 훔쳐가서 진짜 온라인 금융 계좌에 접근하여 돈을 빼가게 됩니다.

2) 악성 링크를 이용한 컴퓨터 공격: 다시 한 번 더 강조하면, 사이버 공격자의 목적은 이메일에 있는 링크를 클릭하게 하는 것입니다. 이 경우 공격자의 목적은 정보를 수집하는 대신, 컴퓨터를 감염시키는 것입니다. 링크를 클릭하면, 웹사이트로 이동해서 우리가 사용하는 브라우저를 대상으로 우리가 모르는 상태에서 공격이 이루어집니다. 만약에 취약점을 노린 공격이 성공하면, 범죄자는 우리 컴퓨터를 완전히 통제할 수도 있습니다.

3) 악성 첨부 파일을 통한 컴퓨터 공격: 이 공격은 PDF 파일, HWP 파일, MS 오피스 문서를 이메일에 첨부

하여 이루어지는 이메일 피싱입니다. 이 악성 첨부 파일을 열면 컴퓨터를 공격하게 됩니다. 이 공격이 성공하면 우리 컴퓨터를 완전히 통제할 수 있습니다.

4) 사기: 사기는 새로운 것이 아니며, 이것도 범죄자가 우리를 속이는 것입니다. 고전적인 방식으로 복권을 산적도 없는데 복권이 당첨되었다고 하거나, 고위 인사가 우리나라에 수백만 달러를 송금하려고 하는데, 이것을 도와주면 보상을 해주겠다고 하는 메시지가 옵니다. 그리고 돈을 받기 전에 먼저 수수료를 지급해야 한다고 합니다. 그리고 수수료를 지급하면, 범죄자는 사라지고, 다시는 볼 수 없게 됩니다. 이러한 사기행각은 그 수법이 날로 교묘해지고 있으며 많은 사람이 희생되고 있습니다.

이미지 출처 : https://threatpost.com/mh-370-related-phishing-attacks-spotted-against-government-targets/105024/

보호 방법

대부분 단순히 이메일을 읽어보는 것은 안전합니다. 이메일을 읽고 난 후 취하는 행동에 따라서 공격을 당할 수 있습니다. 즉 첨부 파일을 열어본다든가, 링크를 클릭하거나 요청하는 정보에 답변하는 것입니다. 그래서 이메일을 읽고 난 후 피싱 공격이거나 사기 메일이라고 생각이 들면, 즉시 이메일을 삭제해야 합니다. 이메일이 공격을 위한 것인지 아닌지는 아래와 같이 판별할 수 있습니다.

1) 메일 문구: "즉시 조치" 또는 긴박한 것처럼 요구하는 이메일은 일단 의심해봐야 합니다. 이것은 사람들을 속이기 위한 일반적인 방법입니다.

2) 호칭: "고객님에게" 또는 다른 일반적인 호칭으로 오는 이메일은 의심해야 합니다.

3) 문법이나 철자가 틀린 것: 대부분의 사업적인 내용은 매우 신중하게 문법이나 철자 검사를 합니다.

4) URL 링크: 이메일에 있는 URL 링크가 의심스러우면, 링크 위에 마우스를 올려놔 보기 바랍니다. 이렇게 하면 실제 클릭했을 때 방문하는 진짜 주소를 알 수 있습니다. 이메일에 쓰인 링크는 실제 주소와 다를 수 있기 때문입니다.

5) 링크 클릭하지 않기: URL을 복사해서 브라우저의 URL 주소창에 붙여 보기 바랍니다. 아니면, 브라우저에 직접 목적지 주소를 입력해보기 바랍니다. 예를 들어 'UPS에서 배달하고 있는 물건이 있습니다.'라는 메일을 받는다면 링크를 바로 클릭하지 말고, 대신에 UPS 웹사이트로 가서 추적번호를 직접 복사해서 붙여보기 바랍니다.

6) 첨부 문서: 항상 의심해보아야 합니다. 받기로 되어 있는 문서에 대해서만, 첨부를 열어보기 바랍니다.

7) 지인 사칭: 친구로부터 이메일을 받았다고 해서 그 친구가 이메일을 보낸 것이 아닐 수 있습니다. 친구 컴퓨터가 감염되었다거나, 계정이 해킹되어 악성코드를 이용해서 컴퓨터에 있는 모든 친구에게 이메일을 보낼 수가 있습니다. 친구나 동료로부터 이상한 이메일을 받으면, 전화로 이메일을 보냈는지 확인하는 절차가 필요합니다.

8) 메일 내용: 의심스럽거나 너무 호의적인 이메일은 사기 또는 공격일 가능성이 큽니다. 그럴 때는 바로 이메일을 삭제하기 바랍니다.

스피어피싱이란?

앞에서 설명하였듯이 여러분은 피싱 공격에 대해서는 이해했을 것입니다. 피싱 공격은 사이버 범죄자들이 전 세계의 수많은 잠재적인 피해자들을 속이거나 공격하기 위해 보내는 이메일입니다. 일반적으로 이러한 메일은 믿을 만한 곳에서 옵니다. 예를 들어, 거래하는 은행이나 잘 아는 지인 등입니다. 보통 이메일의 내용은 긴급하거나 놓치기에는 너무 아까운 것들입니다. 만약 피싱 이메일에 있는 링크를 클릭하면, 악의적인 웹사이트로 들어가게 되어 사용자명과 암호 또는 컴퓨터가 해킹당할 수 있습니다. 혹은 피싱 이메일에 감염된 첨부 파일을 가지고 있어서, 첨부 파일을 열면, 감염돼서 컴퓨터를 통제하지 못할 수 있습니다. 사이버 범죄자들은 이러한 이메일을 가능한 한 많이 보냅니다. 더 많은 사람에게 메일을 보낼수록, 더 많은 사람이 피해자가 될 수 있다는 것입니다.

피싱이 효과를 발휘하면서, 상대적으로 새로운 공격 형태인 스피어피싱Spear phshing이 나왔습니다. 이것은 일반적인 피싱과 개념은 같습니다. 회사나 잘 아는 지인이 보내는 것처럼 이메일을 보냅니다. 그러나 스피어피싱은 피싱 이메일과 달리 공격대상이 분명합니다. 사이버 공격자는 수많은 잠재적 피해자에게 이메일을 보내는 대신 5~10명 정도로 적은 수의 개인에게 보냅니다. 일반적인 피싱과는 달리 블로그, 웹사이트, 링크인, 페이스북 또는 블로그나 포럼에 올린 게시물을 읽으면서, 스피어피싱으로 사이버 공격자들은 목표로 하는 대상을 연구합니다. 이러한 연구를 바탕으로, 공격자는 목표대상과 관련 있는 것처럼 굉장히 교묘한 이메일을 만듭니다. 이러한 방법으로 피해자는 공격당할 가능성이 커집니다.

스피어피싱
이미지 출처 : http://blog.hotspotshield.com/2014/01/17/follow-6-tips-
protect-business-spear-phishing-attacks/

스피어피싱은 우리 또는 우리가 속한 조직을 구체적으로 공격하고자 할 때 사용됩니다. 단순히 돈을 훔치는 범죄 대신에 스피어피싱을 사용하는 공격자들은 매우 구체적인 목표를 가지고 있습니다. 즉 기업의 사업 비밀, 민감한 기술에 대한 계획 또는 정부 통신망과 같은 비밀 정보에 접근하려고 합니다. 또는 단순히 다른 조직에 접근하기 위해 우리 조직을 디딤돌로 사용할 수도 있습니다. 이러한 공격자는 얻을 것이 많으므로 공격대상을 연구하기 위해 시간과 노력을 투자합니다.

예를 들어 외국 정부가 우리 조직이 국가 경제에 중요한 제품이나 기술을 개발하는 곳이라고 결정하면, 우리를 공격대상으로 잡고 공격을 시작합니다. 조직의 웹사이트를 조사한 후 공격대상 3명을 찾아냅니다. 공격자는 찾아낸 3명에 대해 블로그, 트위터, 페이스북 등을 조사하고 개인 신상명세서를 만듭니다. 개인 목표대상을 분석한 후 공격자는 우리 조직에서 이용하는 공급업체로 위장하여 스피어피싱 이메일을 만듭니다. 이메일에는 청구서로 가장한 첨부 문서가 있으나, 실제로는 악성 문서입니다. 3명 중 2명은 스피어피싱 이메일에 속아 넘어가서 감염된 첨부 문서를 열어 외국 정부가 우리 컴퓨터에 접근하고,

궁극적으로 조직 내 중요 제품의 비밀에 접근합니다. 이것을 훔치면, 공격자는 이제 스스로 만들 수 있습니다.

스피어피싱은 공격자가 우리 자신 또는 우리 조직에 구체적인 공격을 하므로 간단한 피싱 공격보다 훨씬 더 위험합니다. 스피어피싱은 공격자의 성공 확률이 높을 뿐만 아니라 탐지하기도 매우 어렵습니다.

보호방법

이러한 표적 공격으로부터 우리 자신을 보호하는 첫 번째 단계는 우리가 대상이 될 수 있다는 점을 이해하는 것입니다. 결국, 우리는 다른 사람들이 원하는 민감한 정보를 소유하고 있거나 공격자들의 궁극적인 목표인 다른 조직에 접근할 때 사용될 수 있는 민감한 정보를 보유하고 있을 수 있습니다. 일단 우리가 목표물이 될 수 있다는 점을 이해하면, 우리 자신과 조직을 보호하기 위해 다음과 같은 예방조치를 취해야 합니다.

1) 블로그 및 카카오스토리, 페이스북 등 SNS 같은 곳에 우리 자신에 대한 게시물을 제한하는 것이 필요합니다. 개인정보를 많이 공유할수록, 사이버 공격자들은 관련 있어 보이는 것과 같은 피싱 이메일을 더

쉽게 만들 수 있습니다.

2) 첨부 문서를 열게 한다든지, 링크를 클릭하게 하거나 민감한 정보를 요청하는 의심스러운 이메일의 경우 메시지를 검증해야 합니다. 만약에 회사나 우리가 알고 있는 사람들이 보낸 이메일처럼 보인다면, 연락처를 확인해보고 발신자에게 연락하여 실제 보냈는지 확인이 필요합니다.

3) 적절한 보안 정책을 따르고 안티바이러스, 암호 및 패치와 같은 것을 사용해서 조직의 보안 업무를 지원해야 합니다.

4) 기술만으로 모든 스피어피싱 이메일 공격을 예방할 수 없다는 것을 기억해야 합니다. 만약에 먼저 이메일이 이상하게 보이면, 처음부터 끝까지 주의 깊게 읽어보기 바랍니다. 스피어피싱 이메일을 받았거나 스피어피싱 공격에 당했다면, 즉시 회사의 보안팀에 연락하기 바랍니다.

08

컴퓨터·모바일 기기 보안

    마지막으로 8장에서 우리가 일상적으로 사용하고 있는 컴퓨터 및 모바일 기기에 대한 보안을 다룹니다. 컴퓨터 및 모바일 기기를 안전하게 사용하기 위해서는 컴퓨터 기기를 먼저 안전한 상태로 유지해야 합니다. 이를 위해서는 컴퓨터 운영체제 및 소프트웨어 취약점 패치 업데이트, 암호기술, 안티바이러스 운영방법과 현재 활발히 이용되고 있는 클라우드 서비스 이용방법에 대해서 알아봅니다.

    마지막으로 아무리 조심한다고 하더라도, 여러 가지 이유로 우리는 해킹당할 위험이 높습니다. 의도하지 않게 해킹당한 경우에는 신속하게 대처하는 것이 피해를 줄일 수 있습니다. 이에 해킹당한 후 대처방법과 해킹 및 악성

코드 감염 등에 대비한 데이터 백업 복구에 관한 유의점
을 설명합니다.

http://www.cloudstoragebest.com/software-slow-computer-backup/

▶▶▶ **보안 팁**

해킹 위험으로부터 보호하기 위해서 운영체제, 응용 프로그램 및 웹 브라우저 플러그인을 최신으로 업데이트하는 것이 최선의 방법입니다.

취약점이란, 윈도 또는 안드로이드 또는 프로그램 등에 있는 사이버 공격자들이 악용할 수 있는 소프트웨어의 버그 및 약점 등입니다. 이러한 취약점은 계속해서 새로운 것이 발견되고 있습니다. 마이크로소프트, 애플, 구글 등 소프트웨어 개발업체들은 이러한 취약점을 해결하기 위해 정기적으로 업데이트(또는 패치)를 배포합니다.

프라이버시 및 보안을 유지하기 위해서는 운영체제, 컴퓨터 프로그램 및 웹 브라우저 플러그인을 업데이트하는 것이 굉장히 중요합니다. 소프트웨어를 업데이트하고 안전하게 유지하기 위해 사용할 수 있는 도구와 기술을 설명합니다. 결과적으로 소프트웨어를 업데이트하는 것이 안전하게 보호하는 가장 중요한 단계입니다. 이번 절에서는 소프트웨어 업데이트 이유에 관해서 설명합니다.

윈도 업데이트

운영체제 업데이트

컴퓨터, 스마트폰 및 태블릿 PC 등 모바일 기기는 운영체제를 가지고 있습니다. 운영체제는 시스템과 상호작용할 수 있게 도와주는 소프트웨어입니다. 컴퓨터 운영체제는 마이크로소프트 윈도, 리눅스, 유닉스 및 애플사의 맥 OS X 등이 있습니다. 모바일 기기의 운영체제는 애플의 iOS와 안드로이드가 대표적입니다. 오랫동안 해커들의 공격대상이 되어온 마이크로소프트 윈도는 자동으로 시스템을 확인하고 업데이트하는 기능을 가지고 있습니다. 마이크로소프트 업데이트 기능은 윈도뿐만 아니라 오피스 및 인터넷 익스플로러와 같은 마이크로소프트의 프로그램까지 포함하고 있습니다. 맥 OS X도 OS X와 애플 응용 프로그램을 위한 유사한 자동 업데이트 기능을 가지고 있습니다.

하지만 컴퓨터가 자동 업데이트하도록 설정되어 있더라도 업데이트 프로그램을 설치해야 한다는 것을 명심해야 합니다. 그리고 일부 업데이트는 실행하기 전에 시스템 재부팅이 필요합니다. 가장 효과적인 자동 업데이트 방법은 매일 업데이트가 있는지 확인하도록 시스템을 설정하는 것이 좋습니다. 이런 경우 시간대는 하루 중 시스템 전원이 켜져 있고 인터넷에 연결된 때가 좋습니다. 업데이트 메시지가 나타나면, 바로 컴퓨터를 다시 시작합니다. 또한, 수동으로 업데이트를 확인하고 설치하기 위해 윈도와 OS X의 자동 업데이트 도구를 사용할 수 있습니다.

아이폰 및 아이패드 같은 모바일 기기에서 사용되는 iOS는 자동 업데이트 기능이 없으나, 업데이트가 발표되었을 때 이를 알려줍니다. 그래서 사용자가 업데이트를 선택하면 업데이트가 실행됩니다. 하지만 탈옥한 아이폰은 업데이트가 불가능하니 이점을 유의하기 바랍니다.

스마트폰 업데이트

소프트웨어 프로그램

소프트웨어 프로그램은 컴퓨터나 모바일 기기에 다운로드하여 설치하는 추가적인 프로그램입니다. 컴퓨터나 모바일 기기의 프로그램을 업데이트하거나 안전하게 하기 위해서는 어떤 프로그램을 설치했는지, 프로그램에 내장된 자동 업데이트 기능이 있는지, 그리고 그 기능이 제대로 동작하는지를 알고 있는 것이 중요합니다. 프로그램을 많이 설치할수록 시스템의 위험은 더 증가하게 됩니다.

그래서 필요한 것만 설치하고, 필요 없거나 사용하지 않는 것은 삭제해야 합니다. 가장 많이 사용하는 한컴의 아래아 한글, MS 오피스, 어도비 아크로뱃 리더 및 자바는 자동 업데이트 기능이 있지만, 대부분의 응용 프로그램은 자동 업데이트 기능이 없습니다. 의문이 생기면, 소프트웨어 개발회사 웹사이트에 가서 응용 프로그램을 업데이트할 필요가 있는지 확인해야 합니다.

컴퓨터에 있는 모든 프로그램의 업데이트 상황을 추적하기가 쉽지는 않습니다. 그래서 이러한 일을 처리하는 도구들이 있습니다. 시큐니아Secunia의 "Personal Software InspectorPSI"라는 도구를 추천합니다. PSI는 알려진 프로그램이 있는 컴퓨터를 스캔하여 업데이트되어 있는지 확인하고, 업데이트되어 있지 않은 소프트웨어에 대해 업데이트할 수 있도록 링크를 제공합니다. 하지만 OS X에서 사용할 수 있는 도구는 현재 없습니다.

iOS의 앱은 자동 업데이트가 기본 기능이 아닙니다. 사용자들이 아이튠즈를 통해 수동으로 앱 업데이트 버전을 다운로드해야 합니다. 안드로이드 2.x는 앞서 말했듯이 설치된 앱과 OS 모두 자동 업데이트 기능이 있으며, 업데이트 버전을 설치할 때는 사용자의 승인이 필요합니다.

웹 브라우저 플러그인

브라우저의 플러그인(또는 애드온_{add-ons})이라는 것이 있습니다. 이것은 액티브X, 어도비 플래시 플레이어, 애플 퀵타임 및 마이크로소프트의 실버라이트 등 웹 브라우저의 기능을 향상하기 위해 사용되는 작은 소프트웨어 프로그램입니다. 플러그인을 많이 사용하게 되면, 플러그인들을 업데이트하기가 쉽지 않게 됩니다. 그래서 플러그인들이 사이버 공격대상으로 급증하게 되었습니다. 다시 강조하지만, 컴퓨터를 보호하기 위해서 가장 좋은 방법은 어떤 플러그인들이 설치되었는지, 그리고 최신의 것인지 알고 있어야 합니다. 대부분 브라우저에서는 플러그인이 설치된 것과 최신 버전을 보여주는 기능을 가지고 있습니다. 그리고 일부 많이 사용되는 플러그인은 자동 업데이트 기능이 있습니다.

플러그인이 최신 버전인지 확인하는 것은 귀찮은 일입니다. 그래서 Qualys's Browser Check 도구를 사용하면, 간단하고 쉽게 확인할 수 있습니다. 이 도구는 웹 기반 도구로서, 이것을 이용하면 어떤 플러그인이 설치되어 있는지, 업데이트가 되어 있는지 알 수 있고 업데이트하는 방법 등을 빨리 확인할 수 있습니다. 추가로 가장 많이 사용되는 웹 브라우저에는 플러그인을 확인하고 업데이트할 수 있는 기본적인 도구가 있습니다.

- 모질리는 외부 개발 플러그인을 찾을 수 있는 웹 기반 도구를 제공하고, 업데이트할 수 있는 링크를 제공합니다.
- 크롬은 자동으로, 업데이트되지 않은 플러그인은 사용을 못 하도록 합니다. "플러그인 업데이트하기"를 클릭하면, 최신 버전을 다운로드할 수 있는 웹사이트로 연결됩니다.
- 사파리는 플러그인에 대한 자동 업데이트 기능이 있으나, 기본적으로 설정되어 있지는 않습니다. 이 기능을 활성화하기 위해서는 사파리에서 선호[Preferences] 윈도를 열어서 확장[Extention]을 선택합니다. 그리고 확장 목록 아래에 "링크 업데이트"를 선택하고, "자동으로 업데이트 설치" 박스를 체크하면 됩니다.

암호화는 데이터 보호를 위한 중요한 도구이지만, 강도 높은 패스워드와 컴퓨터의 전체적인 보안을 유지해야만 효과를 볼 수 있습니다.

암호란?

사람들이 "암호"라는 단어를 사용하고, 암호를 이용해서 우리 자신과 개인정보를 보호하는 방법에 대해서 들어보았을 것입니다. 하지만 암호 개념은 좀 복잡하며, 한계가 있다는 것을 이해해야 합니다. 이번 절에서는 암호란 무엇인지, 암호를 사용하는 이유, 그리고 암호를 실제 사용하는 방법에 관해서 설명합니다.

encryptiom
이미지 출처 : http://www.ophtek.com/tag/encryption/

우리가 사용하는 컴퓨터 및 기기는 개인 문서, 그림, 이메일과 같은 엄청나게 많은 민감 정보를 가지고 있습니다. 만약에 우리가 기기 한 대라도 분실하거나 도둑맞으면, 기기를 습득한 사람이 기기에 있는 모든 민감 정보를 볼 수 있습니다. 또한, 온라인 뱅킹 또는 쇼핑 시에는 온라인으로 민감한 정보를 전송할 수 있습니다. 만약에 누군가가 우리의 온라인 활동을 모니터링하고 있다면, 금융계좌 또는 신용카드 번호와 같은 개인정보를 훔칠 수 있습니다. 암호는 이러한 상황에서 인가된 사람만이 정보에 접근하고 수정할 수 있도록 보호할 수 있습니다.

암호기술은 수 천 년 동안 존재했습니다. 오늘날 암호는 훨씬 더 복잡하지만, 동일한 목적을 수행합니다. 즉 한 곳에서 다른 곳으로 비밀정보를 보낼 때, 인가된 사람만이 정보에 접근하고 읽을 수 있도록 합니다. 정보가 암호화되어 있지 않은 것을 평문이라고 부릅니다. 이 말은 누구나 쉽게 정보에 접근하고 읽을 수 있다는 것입니다. 암호기술은 평문정보를 비가독성의 정형화된 암호문으로 변경합니다. 오늘날 암호는 복잡한 수학적 연산 및 유일한 키를 이용해서 정보를 암호문으로 변경합니다. 이 키를 이용해서 정보를 암호화하고 또는 해독합니다. 대부분이 키는 패스워드 형태입니다.

암호 대상

일반적으로 데이터 암호화는 두 가지 종류가 있습니다. 모바일 기기 또는 컴퓨터에 저장된 데이터를 암호화하거나, 이메일이나 메시지를 전송할 때와 같이 전송되는 데이터를 암호화하는 것입니다.

저장 데이터 암호화는 컴퓨터나 모바일 기기의 분실이나 도난 등으로부터 정보를 보호하는데 중요합니다. 오늘날 이러한 기기들의 성능이 좋고, 엄청난 양의 정보를 보유하고 있으나, 이를 분실하기도 쉽습니다. 추가로 USB 또는 외장 하드디스크와 같이 이동식 저장 매체 등에도 많은 민감한 정보를 보유할 수 있습니다. 디스크 전체 암호FDE 기술은 시스템에 있는 모든 외부 드라이브를 암호화하는 기술입니다. 즉 시스템의 모든 것을 자동으로 암호화하여, 암호화할 것과 아닌 것을 결정하지 않아도 됩니다. 최근 대부분 운영체제는 기본적으로 FDE 기능을 제공하고 있어 설정해서 사용하면 됩니다. 예를 들어 맥 OS X에는 FileVault가 있으며, 윈도 일부 버전에는 비트로커BitLocker 또는 디바이스 암호 기능이 포함되어 있습니다. 대부분의 모바일 기기에서도 FDE 기능을 지원합니다. 예를 들어 아이폰, 아이패드용 iOS 운영체제는 패스워드를 설정하면 자동으로 FDE 기능이 적용됩니다. 안드로이드 6.0(마시멜로)부터는 하드웨어가 최소 표준을 만족하면, 기본으로 FDE를 지원하도록 하고 있습니다.

　정보가 전송 중일 때도 취약합니다. 전송 데이터가 암호화되지 않으면, 인터넷상에서 모니터링하거나 캡처할 수 있습니다. 이러한 이유로 인터넷뱅킹 및 통신에서 민감한 인터넷 활동이 암호화되어야 합니다. 인터넷 전송 암호의 가장 일반적인 방법은 HTTPS입니다. HTTPS를 이용하면, 브라우저와 웹사이트 간의 트래픽이 암호화됩니다. URL에서 https:// 또는 브라우저의 잠금 아이콘 또는 URL 주소창이 초록색으로 변하는지 확인해보기 바랍니다. 다른 예로 이메일을 보내거나 수신할 때, 대부분 이메일 클라이언트를 설정하면 암호 기능을 제공합니다. 또 다른 전송 데이터 암호화의 예로는, 아이메시지iMessage, 위커, 시그널, 왓츠앱 또는 텔레그램 같은 채팅 프로그램에서 사용자 간 통신을 암호화하는 것입니다. 이러한 앱은 한쪽 시스템에서 다른 곳으로 전송 중인 데이터에 제삼자가 접근하는 것을 방지하는 종단 간 암호기술을 사용합니다. 이 말은 통신하는 양 끝 당사자만 전송정보를 읽을 수 있다는 말입니다.

올바른 암호 사용법

　암호기술을 이용해서 데이터를 보호하기 위해, 암호기

술을 정확하게 사용해야 합니다.

- 암호의 강도는 키의 강도와 비례합니다. 누군가가 키를 추측하거나 접근한다면, 데이터에도 접근이 가능합니다. 즉 키를 보호해야 합니다. 만약에 우리가 키로 패스워드를 사용하고 있다면, 패스워드가 강력하고 유일한 것을 사용해야 합니다. 패스워드는 길수록 키를 깨기가 어렵습니다. 패스워드를 잊어버리면 안 됩니다. 키가 없으면 정보를 복호화할 수 없습니다. 만약에 모든 패스워드를 기억할 수 없다면, 패스워드 관리 프로그램을 사용해야 합니다.

- 암호 강도는 컴퓨터의 보안에 비례합니다. 만약에 컴퓨터나 기기가 해킹되거나 악성코드에 감염된다면, 해커가 암호 기능을 우회할 수 있습니다. 그래서 컴퓨터나 모바일 기기도 안전하게 관리하는 것이 굉장히 중요하며, 그러기 위해서 안티바이러스, 강력한 패스워드 및 업데이트에 신경 써야 합니다.

- 많은 모바일 앱 및 프로그램이 데이터를 보호하기 위해 강한 암호 기술을 제공하고 있습니다. 만약에 앱 또는 프로그램이 암호 기술을 지원하지 않는다면, 다른 방법을 찾아보기 바랍니다.

▶▶▶ **보안 팁**

안티바이러스 소프트웨어 사용 시, 최신의 악성코드를 탐지할 수
있도록 항상 최신의 상태로 유지하여야 합니다.

모든 컴퓨터뿐만 아니라 스마트폰 등 모바일 기기도 악
성코드에 감염될 수 있습니다. 악성코드란 바이러스, 웜,
트로이목마, 스파이웨어와 같이 컴퓨터 또는 모바일 기기
를 감염시켜 컴퓨터를 통제하고자 하는 모든 악성 프로그
램을 포괄하는 말입니다. 일단 컴퓨터 또는 모바일 기기
가 감염되면, 공격자는 키보드 입력 값을 중간에서 가로
채고, 문서를 훔치고 컴퓨터를 이용해 다른 컴퓨터를 공
격할 수 있습니다. 안티바이러스는 악성코드에 대항해 컴
퓨터를 보호하기 위한 프로그램입니다. 독자적인 제품으
로 되어 있을 수도 있고 보안 프로그램 패키지에 포함되
어 있을 수도 있습니다.

안티바이러스는 컴퓨터를 감염시키기 위한 공격을 탐
지하고 차단하는 제품입니다. 우리나라에는 안랩의 V3
제품군과 하우리의 바이로봇 등의 제품이 있습니다. 문제
는 안티바이러스는 더는 공격자의 능력을 따라가지 못한

다는 점입니다. 너무나 많은 악성코드가 매일 발표되고 있으므로 안티바이러스는 모든 악성코드를 탐지하고 보호할 수 없습니다. 이 때문에 컴퓨터가 최신의 안티바이러스가 설치되었음에도 감염될 수 있습니다. 왜 이런 일이 발생하는지 안티바이러스가 동작을 분석해서 이해해 보도록 하겠습니다.

안티바이러스

시그너쳐 탐지

대부분의 안티바이러스 프로그램은 병원균과 감염에 대한 특징을 가지고 사람의 면역 시스템과 같이 컴퓨터를 스캐닝을 시작합니다. 알려진 악성코드의 사전을 참고하여 파일 사전에 있는 패턴(시그너쳐)이 일치하면, 안티바이러스 소프트웨어는 중성화하려고 합니다. 사람의 면역 시스템과 같이 사전은 새로운 악성코드로부터 보호하기 위한 감기 주사와 같이 업데이트가 필요합니다. 안티바이러스는 유해하다고 인정한 것에 대해서만 보호합니다. 그러므로 안티바이러스 개발자는 악성코드 개발의 속도를 따라갈 수 없는 것입니다. 새로운 악성코드가 발견되는 시간과 안티바이러스 제품 개발회사에서 사전을 업데이트하는 시간 간격이 길어지면 컴퓨터는 취약하게 됩니다. 이것 때문에 안티바이러스 제품을 최대한 빨리 업데이트하는 것이 중요합니다.

행위 탐지

행위 탐지란, 알려진 악성코드를 찾는 방법 대신, 안티바이러스 소프트웨어가 컴퓨터에 설치된 소프트웨어의 행위를 모니터링하는 것입니다. 만약에 프로그램이 보호된 파일에 접근한다든가 다른 프로그램을 변경하는 것 같은 의심이 든다면, 안티바이러스는 의심스러운 행동을 찾아서 알려줍니다. 이 방법은 사전에 아직 없는 새로운 형태의 악성코드를 탐지할 수 있지만, 잘못된 경고를 많이 생성할 수 있다는 문제가 있습니다. 컴퓨터 사용자는 잘

못된 경고에 익숙해져 버릴 수 있으며 나아가 모든 경고를 무시할 수도 있습니다.

안티바이러스 팁

1) 항상 컴퓨터가 위험하다고 가정: 모든 컴퓨터는 공격에 취약하다고 할 수 있습니다. 안티바이러스가 모든 종류의 악성코드로부터 보호해 줄 수 없지만, 안티바이러스 소프트웨어가 설치되어 있고, 최신으로 업데이트하여 잘 운영된다면 컴퓨터의 보안성을 굉장히 향상됩니다.

2) 믿을 수 있는 사이트에서만 프로그램 다운로드: 잘 알려져 있고, 신뢰받는 사이트에서만, 보안 소프트웨어를 다운로드해야 합니다. 일반적으로 사이버 범죄자는 악성코드를 안티바이러스 프로그램인 것으로 사용자를 속여서 다운로드하게 하는 경우가 많으므로 반드시 잘 알려진 제품을 사용하는 것이 안전합니다.

3) 소프트웨어를 최신으로 업데이트: 안티바이러스는 최신의 버전이 설치되어 운영되어야 하고, 자동으로 업데이트하도록 설정하는 것이 필요합니다. 주기적으로 시그너쳐 업데이트 상태를 확인하여 최신 버전인지 확인해야 합니다.

업데이트 날짜가 표시된 V3 Lite

4) 신속하게 업데이트: 컴퓨터가 오프라인이거나 잠깐 전원이 꺼져 있다면, 컴퓨터를 켜고 인터넷에 다시 연결할 때 안티바이러스를 업데이트할 필요가 있으며 즉시 업데이트를 하는 것도 중요합니다.

5) 컴퓨터에 붙은 주변 기기도 스캔: USB, 메모리, 이동식 하드디스크를 컴퓨터에 부착할 때, 안티바이러스가 자동으로 USB나 이동 하드디스크 등 이동 매체를 스캔하도록 해야 합니다.

6) 탐지된 경고를 신중하게 읽어야 합니다: 안티바이러스 소프트웨어에서 알려주는 경고를 주의 깊게 봐야 합니다. 대부분의 경고에는 다음 단계로 이동하는 추

가적인 정보에 대한 링크가 있습니다. 직장에서는 경고 메시지를 기록하고 컴퓨터 헬프 데스크 또는 보안팀에 연락해야 합니다.

7) 항상 안티바이러스 실행: 컴퓨터가 느려지고, 웹사이트 접속이 차단되고, 프로그램 설치가 안 된다고 보안 소프트웨어 사용을 중지하면 안 됩니다. 안티바이러스를 중단하면, 컴퓨터가 위험에 노출될 수 있고 심각한 보안사고가 발생할 수 있습니다. 계속 문제가 발생하면 운영체제를 새로 설치하거나, 불필요한 프로그램을 삭제하고, 다른 안티바이러스 제품으로 교체하는 것도 좋습니다.

8) 한 개의 프로그램만 설치: 여러 개의 안티바이러스 프로그램을 동시에 설치하면, 충돌이 일어나 오히려 컴퓨터의 보안 기능이 약해질 수 있습니다.

9) 보안 패키지 설치: 안티바이러스는 모든 위협으로부터 컴퓨터를 보호해주지는 않습니다. 방화벽이나 브라우저 보호와 같이 다른 첨단 보안 기능 제품과 같은 추가적인 도구를 포함하는 보안 패키지를 설치할 것을 권고합니다.

▶▶▶ 보안 팁

"클라우드 컴퓨팅은 경제성과 생산성이라는 잠재력이 있지만, 신중하게 정보를 저장하고 공유해야 합니다."

클라우드 서비스는 수많은 개인과 조직이 사용하는 강력한 기술입니다. 하지만 클라우드 컴퓨팅은 단순히 서비스 제공자를 이용해서 데이터를 저장하고 관리하는 것입니다. 이러한 서비스를 "클라우드Cloud"라고 말하는 것은 데이터가 외관상 어디에 저장되는지 정확하게 알지 못하고 구름(클라우드) 속에 저장되기 때문입니다. 클라우딩 컴퓨팅의 예로는 네이버 N 드라이버 또는 구글 문서 도구에서 문서를 생성하는 것이나, 드롭박스Drop box 서비스 등과 같이 파일을 공유하는 서비스 또는 애플의 아이클라우드iCloud에 음악과 사진을 저장하는 것입니다. 이러한 온라인 서비스는 생산성을 크게 높일 수 있는 잠재력이 있으나, 이러한 기능에는 위험이 따르기 마련입니다. 이번 절에서는 이러한 문제를 검토하고 정보를 보호할 방안을 모색해보고자 합니다.

클라우드

이미지 출처 : http://technologyadvice.com/blog/information-technology
/ibm-making-1-2-billion-play-cloud-computing/

클라우드 서비스 회사 선택

클라우드 서비스는 직장과 집에서 일을 처리하기 위한 도구일 뿐이나, 개인적인 정보를 낯선 사람들에게 넘겨주는 것이기 때문에, 보안성과 가용성 요구사항이 충족되는지는 확인해야 합니다. 클라우드 서비스 회사를 알아볼 때는 다음 질문사항을 고려하기 바랍니다.

1) 기술 지원: 문제가 생기면 회사에서 어떤 식으로 대응하는가? 아주 중요한 데이터인 경우 전화나 이 메일로 지원을 요청할 수 있어야 합니다. 회사에서 이러한 지원을 하지 않는다면, 회사 웹사이트에 공개된 포럼이나 FAQ를 가지고 있는지 확인이 필요합니다.

2) 백업: 클라우드 서비스 회사는 데이터를 백업하고 있는가? 그렇다면 백업은 정확히 어떻게, 얼마나 자주, 또 얼마나 오랫동안 백업을 유지 관리하는가? 만약에 실수로 파일을 삭제하면 복구할 수 있는가? 그것이 가능하다면 어떤 방식으로 하는가?

3) 개인화: 클라우드 공급회사에서 데이터 접근 권한을 누가 가지고 있는가? 오직 사용자만 접근할 수 있는지, 아니면 서비스업체의 직원이나 타사 파트너도 접근할 수 있는가?

4) 보안: 여러분의 컴퓨터나 기기에서 어떤 방법으로 클라우드로 전송되는가? 암호화하여 안전하게 접속하는가? 클라우드에 데이터를 저장할 때도 다시 한 번 더 암호화하는가? 누가 데이터를 해독할 수 있는가?

안전한 접근

클라우드에 데이터를 저장하기 위해 회사를 선정하였으면, 그다음은 그 회사의 서비스를 제대로 사용할 수 있는지 확인해야 합니다. 데이터 접속 및 공유방법은 다른 어떤 것보다 데이터 보안에 중요한 요소입니다. 다음 내용은 여러분의 정보를 보호할 수 있는 몇 가지 중요한 조치단계입니다.

1) 인증: 클라우드 공급회사에 인증하기 위해서는 강력하고 긴 패스워드를 사용해야 합니다. 이렇게 하면 간단한 방법으로 패스워드를 추측하는 사이버 공격으로부터 보호할 수 있습니다. 클라우드 공급회사에서 이중 인증을 제공한다면(2단계 검증이라고도 함), 이 방법을 사용할 것을 추천합니다.

2) 공유: 클라우드는 아주 쉽게 데이터를 공유할 수 있으므로, 뜻하지 않게 다른 사람과 너무 많은 양의 데이터를 공유하지 않도록 주의해야 합니다. 최악의 경우, 본의 아니게 우리의 정보를 대중이 이용할 수 있습니다. 스스로 보호할 수 있는 가장 좋은 방법은 아무하고나 데이터를 공유하지 않는 것입니다. 그다음엔 오직 기본적으로 알아야 하는 특정 파일이나 폴더에는 특정인만(또는 그룹 사람들) 접근할 수 있도록 해야 합니다.

3) 설정: 클라우드 공급업체에서 제공되는 보안 설정방법을 이해해야 합니다. 만약에 여러분이 다른 사람에게 모든 권한을 부여하면, 여러분의 판단과 허락 없이 데이터를 제삼자에게 다시 공유할 수 있는가? 더는 서비스가 필요 없게 되면, 클라우드 공급업체의 시스템에서 데이터를 삭제할 수 있는가?

4) 안티바이러스: 우리가 사용하는 컴퓨터와 데이터 공유에 사용되는 모든 컴퓨터에 최신 버전의 안티바이러스 소프트웨어가 설치되어 있는지 확인해야 합니다. 공유 파일이 감염되면, 같은 파일을 접속하는 다른 컴퓨터도 마찬가지로 감염될 수 있습니다.

5) 암호화: 공급업체에서 어떻게 데이터를 암호화하는가? 업체가 중요한 암호키를 통제하고 있는가? 아니면 본인이 직접 해야 하는가? 좀 더 강력한 보안방법은 클라우드에 저장하기 전에 본인의 컴퓨터에서 개인 데이터를 암호화하는 것입니다. 이렇게 하면 클라우드 시스템이 해킹되어도 데이터를 보호할 수 있습니다.

6) 백업: 클라우드 제공업체가 데이터를 백업할 경우에도 정기적으로 본인 컴퓨터의 백업 계획을 세우는 것이 필요합니다. 이렇게 하면, 클라우드 공급업체가 폐업이나 휴업하게 되더라도 데이터를 보호할 뿐 아니라, 오히려 클라우드에서 끌어와 본인의 백업에서 대량의 데이터 복구를 쉽게 할 수 있습니다.

7) 서비스 약관: 서비스를 신청하기 전에 서비스 약관 또는 계약서를 읽어 보기 바랍니다. 계약상에 이해가 안 가는 부분이 있거나 우려되는 부분이 있다면, 다른 공급업체를 고려해보기 바랍니다.

8) 회사 데이터: 조직의 데이터는 상급자의 사전 허가 없이 클라우드에 저장하지 말아야 합니다. 조직의 데이터를 클라우드에 저장하는 것은 조직의 정책에 위반하는 것일 뿐만 아니라 법률을 위반하여 자신과 조직이 법적인 영향을 받을 수 있습니다.

결론

클라우드가 좋은 것도 아니고 나쁜 것도 아닙니다. 클라우드는 우리가 사용할 수 있는 단순한 도구입니다. 요구사항에 맞는 클라우드 공급업체를 선택하고 다른 사람이 여러분의 데이터에 접근하고 공유하는 방법을 보호하는 조처를 하는 것이 우리 자신을 보호하는 핵심이라고 할 수 있습니다.

▶▶▶ 보안 팁

해킹 사고를 빨리 감지하고 대응하면, 피해를 최소화할 수 있습니다.

여러 가지 방법으로 자신과 자신의 소중한 정보를 보호한다고 하더라도, 컴퓨터 또는 모바일 기기가 해킹당할 가능성은 여전히 존재합니다. 자동차를 운전하는 것처럼, 우리가 아무리 조심한다고 해도 항상 사고를 당할 가능성은 있습니다. 하지만, 사고를 당한 이후라도 보호할 방법이 있습니다. 사고를 빨리 감지하고 대응한다면, 피해를 줄일 가능성도 더 커지게 됩니다. 이번 절에서는 해킹 사고에 잘 준비하기 위해, 컴퓨터, 온라인 계정, 또는 정보가 손상되었는지, 그리고 가장 잘 대응할 수 있는 여러 가지 방법에 대해서 논의합니다. 대응하는 문제에 대한 본 자문 내용은 개인적인 부분에 적용됩니다. 만약에 직장과 관련된 기기나, 계정 또는 정보를 해킹당하면, 회사 내의 사고접수 부서나 보안팀에 즉시 사고를 보고하고 지침을 따르기 바랍니다.

해킹

이미지 출처 : http://www.itworld.co.kr/news/97289

온라인 계정 해킹대응

인터넷을 이용하는 사람 대부분은 온라인 뱅킹 및 쇼핑에서 이메일과 SNS에 이르기까지 수많은 온라인 계정을 가지고 있습니다. 많은 계정을 관리하고 계정이 해킹되었는지 알아내는 것은 굉장히 어려운 일입니다. 계정이 해킹되었는지 알아내고 대응하는 데 도움이 되는 내용은 다음과 같습니다.

해킹 증상

- 패스워드를 정확히 입력했는데도 웹사이트에 로그인이 되지 않습니다.
- 이메일을 보내지도 않았는데 친구나 직장 동료가 내 이름으로 이메일을 받고 있습니다.

- 누군가가 SNS(카카오톡, 페이스북 또는 인스타그램 등)에 우리가 한 것처럼 글을 올립니다.
- 누군가 우리의 온라인 뱅킹 계정을 이용해서 돈을 송금합니다.
- 온라인 계정의 연락처나 설정들이 알리지도 않고 동의도 없이 변경됩니다.
- 웹사이트 또는 서비스 제공업체가 해킹을 당해 사용자 계정과 비밀번호를 도난당했다고 공식적으로 발표합니다.

대응

- 로그인이 계속되지 않을 경우, 즉시 패스워드를 변경합니다. 항상 그렇듯이 강력한 패스워드를 사용해야 합니다.
- 로그인이 안 되면, 즉시 서비스 제공업체나 웹사이트에 문의합니다. 대부분 온라인 서비스 제공업체는 계정의 해킹 여부를 회사에 통보할 방법을 제공하고 있습니다. 이러한 방법들은 온라인 양식, 연락할 수 있는 이메일 또는 전화번호가 포함되어 있기도 합니다.
- 일단 다시 접속된다면, 공격자에 의해서 변경된 것이 없는지 확인하기 위해 계정 설정의 모든 것을 검사합니다.
- 같은 패스워드를 사용하고 있는 다른 사이트의 계정 패스워드도 변경되었는지 확인합니다.

단말기 해킹 대응

모바일 기기가 폭발적으로 늘어나면서, 이제 보호해야 할 물건이 더 많아졌습니다. 일단 공격자가 우리 단말기를 통제한다면, 공격자는 우리가 단말기에서 하는 모든 행동을 가로챌 수 있습니다. 감염된 단말기를 인식하고 대응할 수 있는 조치는 다음과 같습니다.

- 컴퓨터가 원치 않는 웹사이트로 접속한다.
- 컴퓨터에 설치되지 않은 프로그램이 동작하고 있다.
- 안티바이러스가 감염된 파일을 보여준다.
- 안티바이러스 및 시스템 업데이트가 되지 않는다.
- 단말기가 계속해서 작동을 멈춘다.
- 스마트폰이 승인 없이 값이 비싼 전화를 걸거나 앱을 구매한다.

대응

- 최신의 안티바이러스 솔루션으로 전체적으로 면밀하게 검사를 합니다. 어떤 감염 파일을 감지하면, 권장하는 조치를 따라야 합니다. 온라인 스캐너에서 보조 보안 검사를 실행하는 것을 고려해 봅니다.
- 보안 소프트웨어로 확실히 되지 않거나, 완전히 복구되었는지 확실히 하길 원하면, 운영체제를 다시 설치하거나 완전히 공장 초기화화, 또는 안티바이러스 최신 버전을 설치하고 백업으로 데이터를 복구하는 것을 고려해보기 바랍니다.

개인 해킹 대응

주민등록번호 등 고유번호, 의료정보 또는 물건 구매 내역과 같은 개인정보를 지키기는 쉽지 않은 일입니다. 왜냐하면, 일반적으로 개인이 이러한 데이터를 관리하고 있지 않기 때문입니다. 의료기관, 신용카드사 또는 학교와 같은 기관은 개인정보를 저장하고 관리하고 있습니다. 개인정보가 유출되었는지 확인하고 대응하는 방법에 대한 조치는 다음과 같습니다.

- 서비스 제공업체가 신용정보 또는 의료정보 등이 유출되는 사고가 발생했다고 발표하거나 알려준다.
- 신용카드에 승인되지 않은 청구 내용을 발견한다.
- 신용 보고서에 알지 못하는 대출 신청을 발견한다.
- 받지도 않은 치료에 대해 의료보험이 처리되고 있다
- 개설하지도 않은 계좌에 대한 연체 지급 통보를 받았다.

즉시 신용카드 발급사에 연락합니다. 해당 신용카드를 취소 처리하고 새로운 것으로 발급받는다. 이 서비스는 신용카드사에서 무료로 제공하고 있습니다.

서비스 제공업체에 연락합니다. 예를 들어, 당신의 의료보험이나 은행 계좌가 사기로 이용된다고 생각되면, 보험 또는 은행에 전화합니다. 모든 신고 과정에서의 날짜, 시간, 그리고 통화한 사람의 이름과 모든 대화 내용을 문서화합니다. 서면으로 된 모든 편지의 사본을 보관하고, 편지 등의 배달 증명을 보여 줄 수 있는 공인된 우편을 이용합니다.

백업은 데이터를 보호하기 위한 최후의 방어책입니다. 자동화된 백업방법을 선택하고, 사전에 백업 데이터가 복구되는지 시험해 보기 바랍니다.

악성코드 감염, 해킹, 랜섬웨어 등으로 인해 컴퓨터 기기에 문제가 발생하여 개인 파일, 문서, 사진 등을 분실하거나 복구할 수 없는 상황이 발생할 수 있습니다. 예를 들어 사고로 파일을 삭제하거나, 하드웨어가 고장 나거나, 노트북을 분실하거나, 컴퓨터가 악성코드에 감염될 수 있습니다. 이 경우 디지털 세상을 다시 복구할 수 있는 최후의 보루는 필요한 정보를 백업하는 일입니다. 그래서 마지막 절에서는 데이터 백업방법과 적절한 전략을 개발하는 방법을 소개합니다.

Backup-center-icon

백업 대상 및 절차

백업은 우리 정보의 복사본을 다른 곳으로 저장하는 것입니다. 중요한 정보를 분실하면, 백업에서 데이터를 복구할 수 있습니다. 대부분 사람은 백업이 단순하고 별것아닌 것으로 생각하여 백업을 수행하지 않는 것이 문제입니다. 백업 대상을 결정하는 데는 2가지 기본적인 방법이 있습니다. 즉,

① 특정 중요 데이터를 백업하거나,
② 운영체제 등 모든 것을 저장하는 것입니다.

첫 번째 방법은 백업 절차를 간소화할 수 있으며, 하드 디스크 공간을 절약할 수 있습니다. 하지만, 두 번째 방법은 첫 번째 방법보다 간단하고 포괄적입니다. 백업 대상을 결정하지 못하는 경우에는 모든 것을 백업하는 것이 좋습니다.

다음 절차는 데이터 백업 주기를 결정하는 것입니다. 일반적으로 시간 단위, 일 단위 및 주 단위로 선택할 수 있습니다. 보통 가정에서는 윈도의 경우 윈도 백업 및 복구 프로그램을 이용할 수 있으며, 애플의 맥 컴퓨터의 경우 Time Machine과 같은 개인용 백업 프로그램을 이용해서 자동으로 "설정 및 백업" 스케줄을 생성할 수 있습니다. 이러한 솔루션은 우리가 이에 관여하지 않아도 조용히 데이터를 백업합니다. 다른 솔루션에는 "연속 보호"라는 기능을 제공하는 데, 이것은 새로운 파일 또는 변경된 파일을 즉시 백업하는 것입니다. 최소한 매일 백업할 것을 권고합니다. 극단적으로 자신에게 "백업에서 데이터를 복구한다면, 며칠까지의 정보를 잃어도 되는지"를 먼저 질문해봐야 합니다.

백업방법

백업 장소로는 일반적으로 물리적인 미디어 또는 클라

우드 기반의 저장소 등 두 가지 위치로 데이터를 백업할 수 있습니다. 물리적인 미디어는 DVD, USB 드라이버, 외장 하드디스크가 있습니다. 어떤 매체를 사용하더라도 절대로 원본 자료가 저장된 동일한 기기로 데이터를 백업하면 안 됩니다. 물리적인 매체로 백업할 때의 문제는 그 위치가 화재, 홍수 또는 절도 등의 재난이 발생하면, 컴퓨터를 분실할 뿐만 아니라 백업한 데이터도 분실하게 됩니다. 그래서 백업 복사본을 다른 오프사이트^{Off-site}4)에 저장하는 계획도 세워야 합니다. 그래서 오프사이트에 백업 데이터를 저장할 때는 언제, 어떤 것이 백업되었는지 알 수 있게 미디어 외부에 라벨을 표시해야 합니다. 추가로 백업 데이터를 암호화하는 것이 좋습니다.

클라우드 기반 솔루션은 좀 다릅니다. 클라우드 서비스는 인터넷상의 어딘가에 파일을 저장하는 것입니다. 백업하고자 하는 데이터양에 따라 비용을 지급해야 합니다. 이 서비스는 컴퓨터에 프로그램을 설치하면, 자동으로 파일을 백업합니다. 클라우드의 장점은 백업 파일이 클라우드에 있으므로, 만약에 집에 재난이 발생하더라도 백업

---

4) 실제 컴퓨터 등이 설치되어 활동하는 곳을 온사이트(On-site)라고 하며, 이 와는 반대로 온사이트에서 떨어져 있는 곳을 오프사이트라고 함.

데이터는 안전합니다. 추가로 여행할 때나 어디서나 개인
적인 파일, 백업에 접근할 수 있습니다. 단점은 클라우드
기반 백업 복구는 느리다는 점입니다. 특히 백업 데이터
양이 큰 경우 더 느립니다. 만약에 물리적 백업 또는 클라
우드 중 어떤 백업을 할지 선택할 수 없다면, 두 가지를
다하는 것이 좋습니다.

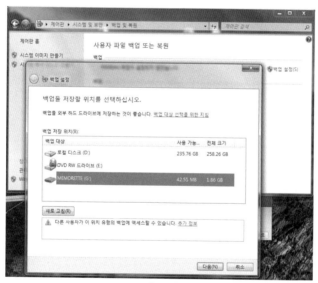

윈도 백업

마지막으로 모바일 기기도 백업을 해야 한다는 점을 기
억해야 합니다. 모바일 기기의 장점은 이메일, 달력, 이벤
트 및 연락처와 같이 대부분 데이터는 클라우드에 이미

저장되어 있습니다. 하지만, 모바일 앱 설정사항, 최근 사진 및 시스템 설정사항 등은 모바일 기기의 데이터 중 최근 사진 및 비디오와 같은 것은 클라우드에 저장되어 있지 않습니다. 모바일 기기로 데이터를 백업하면, 정보를 보존할 수 있으며, 기기를 업그레이드할 때 쉽게 재구성할 수 있습니다. 아이폰/아이패드는 애플 아이클라우드로 자동으로 백업할 수 있습니다. 안드로이드 기기의 제조사 또는 서비스 제공에 따라 백업 기능이 다릅니다. 어떤 경우에는 백업용으로 개발된 모바일 앱을 구매하여 사용할 수 있습니다. 삼성 갤럭시의 경우 KIES 프로그램을 이용하면, 원하는 데이터를 백업하고 복구할 수 있습니다. LG 스마트폰의 경우 LG 백업 앱을 이용하면, 원하는 데이터를 백업하고 복구할 수 있습니다.

복구

데이터를 백업하는 것은 복구의 절반에 불과하며, 확실하게 복구할 수 있어야 합니다. 그러므로 한 달에 한 번은 백업 프로그램이 제대로 동작하는지 확인해야 합니다. 추가로 시스템 업그레이드(새 컴퓨터로 변경) 또는 중대한 수리(하드디스크 교체) 전에는 시스템 전체를 백업해야 하며, 복구 가능한지 검증해야 합니다.

- 가능한 한 백업 프로세스를 자동화하고, 정확하게 동작하는지 확인.
- 백업으로 전체 시스템을 재설치하는 경우, 복구한 시스템을 서비스하기 전에 보안 패치를 다시 적용.
- 책임 소재가 있으므로 오래되거나 못 쓰게 된 백업 파일은 비인가 사용자에 의해서 접근되지 않도록 파괴.
- 클라우드 솔루션을 사용한다면, 기관의 정책이나 평판을 조사하고, 우리의 요구사항을 만족하는지 확인. 예를 들어 백업 파일이 저장될 때 암호화하는지, 누가 백업 파일에 접근할 수 있는지, 2단계 인증과 같은 강력한 인증 기능을 제공하는지 등을 확인.

09

마치며

　직장에서뿐만 아니라, 이제 가정, 지하철, 비행기 등 어디서든지 24시간 인터넷 연결이 가능합니다. 인터넷이 없는 생활은 상상할 수조차 없이 인터넷이 우리 생활의 일부가 되었습니다. 하지만 인터넷의 편리함과 동시에 우리는 더 많은 위험에 노출되고 있다는 것을 알고 있어야 합니다. 그래서 일상생활에서 많이 직면하고 있는 문제인 인터넷 접속 및 모바일 기기 등 해킹 위험과 개인정보 탈취 위험 등을 예방하고 우리 자신을 보호하기 위해 이 책에서 패스워드, 인터넷 브라우저, 이메일, 모바일, 홈 네트워크 등 30가지 세부 주제에 대해서 안전한 인터넷 이용방법에 대해서 살펴보았습니다.

　스마트폰과 컴퓨터를 사용하면서 우리의 소중한 정보

와 재산 및 가족을 안전하게 지키기 위해 지금까지 설명한 내용은 아래와 같이 요약할 수 있습니다. 아래의 내용을 명심하여 나 자신과 가족이 사이버 범죄의 피해자가 되지 않기를 바랍니다.

이미지 출처 : http://www.forbes.com/forbes/welcome/

1. 컴퓨터 및 스마트폰에 너무 많은 프로그램을 설치하지 말고, 필요한 소프트웨어만 설치하여 사용하기 바랍니다.

2. 컴퓨터와 스마트폰에 사용되는 운영체제 및 프로그램은 업데이트가 발표될 경우, 신속하게 업데이트를 설치해야 합니다.

3. 컴퓨터 또는 모바일 기기에 안티바이러스 소프트웨어를 항상 실행하고, 최신의 상태로 유지하기 바랍니다.

4. 인터넷 웹사이트와 가정용 공유기는 패스워드를 설정하고, 패스워드는 반드시 강력한 것을 선택하고 타인과 공유하면 안 됩니다.

5. 여행지 또는 공공장소의 무료 와이파이 또는 인터넷을 이용 시에는 패스워드 입력이 필요한 사이트는 될 수 있는 대로 이용하지 말고, 로그인하였을 경우에는 안전한 환경에서 즉시 패스워드를 변경하기 바랍니다.

6. 모르는 사람에게서 오는 호의적인 이메일은 링크를 클릭하거나 첨부 문서를 열어보지 말고 즉시 삭제해야 합니다.

7. 카카오톡, 페이스북 등 SNS에 프라이버시와 관련된 민감한 개인적인 것을 게시할 때는 미래에 미칠 영향을 생각해서 한 번 더 고민해보기 바랍니다.

8. 패스워드, 금융정보 등 개인의 민감 정보를 인터넷으로 전송할 때는 암호화 기능을 이용하여 인터넷에서 타인에게 노출되는 것을 방지해야 합니다.

9. 컴퓨터, 스마트폰 또는 개인정보가 해킹된 것으로 의심이 되면, 온라인의 패스워드는 즉시 변경하는 등 신속히 대응하고 피해 신고를 해야 합니다.

10. 개인 또는 기업에서 중요한 데이터가 사고 또는 해킹으로 분실할 것을 대비하여, 최소 1주일에 1회는 중요한 데이터를 지정하여 백업을 실행해야 합니다.